普通高等教育计算机类专业"十三五"规划教材

单片机原理与C51编程

（第2版）

宋彩利 孙友仓 刘仁贵 编著

U0282404

西安交通大学出版社
XI'AN JIAOTONG UNIVERSITY PRESS

内容简介

本书以 MCS-51 单片机为主线,介绍单片机的基本原理和应用,以 C51 为编程语言说明单片机内部控制方法。主要包括 MCS-51 内部结构、C51 编程方法和上机环境介绍、最小系统和扩展系统的设计及程序控制方法、应用实例等内容。本书从实用角度出发,力图做到理论与实际相结合,缩小学校讲授与实际项目开发的距离,使学生学完单片机后能尽快地参加到实际项目的开发中。

本教材可作为计算机科学与技术、通信工程和网络工程专业的单片机原理与应用的教科书,也可用做所有工科专业的单片机课程的教材。

图书在版编目(CIP)数据

单片机原理与 C51 编程/宋彩利,孙友仓,刘仁贵编著. —2 版. —西安:西安交通大学出版社,2016.7(2024.8重印)
普通高等教育计算机类专业"十三五"规划教材
ISBN 978-7-5605-8563-5

Ⅰ.单… Ⅱ.①宋…②孙…③刘… Ⅲ.单片微型计算机-C 语言-程序设计-高等学校-教材 Ⅳ. ①TP368.1 ②TP312

中国版本图书馆 CIP 数据核字(2016)第 115657 号

书　　名	单片机原理与 C51 编程(第 2 版)	
编　　著	宋彩利　孙友仓　刘仁贵	
责任编辑	屈晓燕	
出版发行	西安交通大学出版社	
	(西安市兴庆南路 1 号　邮政编码 710048)	
网　　址	http://www.xjtupress.com	
电　　话	(029)82668357　82667874(市场营销中心)	
	(029)82668315(总编办)	
传　　真	(029)82668280	
印　　刷	西安日报社印务中心	
开　　本	787 mm×1 092 mm　1/16　印张　15.75　字数　379 千字	
版　　次	2008 年 6 月第 1 版　2016 年 8 月第 2 版	
印　　次	2024 年 8 月第 2 版第 9 次印刷	
书　　号	ISBN 978-7-5605-8563-5	
定　　价	32.00 元	

如发现印装质量问题,请与本社市场营销中心联系。
订购热线:(029)82665248　(029)82667874
投稿热线:(029)82664954
读者信箱:eibooks@163.com

前　言

目前介绍单片机原理的书籍很多,但基本上都是以汇编语言作为编程语言,学生学习的难度较大。并且,现在单片机系统应用项目的开发基本上是用 C51 进行编程,这样学生毕业后,如果从事单片机系统开发,很长时间不能掌握系统开发环境和开发方法。为尽快与应用接轨,为学生就业打下基础,我们编写了《单片机原理与 C51 编程》。本书以 MCS-51 单片机为主线,介绍单片机的基本原理和应用,以 C51 为编程语言说明单片机内部控制方法,主要包括 MCS-51 内部结构、C51 编程方法和上机环境介绍、最小系统和扩展系统的设计及程序控制方法、应用实例等内容。用 C51 为编程语言有以下优点:

(1) C51 与 C 语言有很多相同点,并且大专院校都开设 C 语言课程,这给教学和学生学习带来很大方便。

(2) 利用 C51 进行教学与目前单片机系统开发方法一致,学生工作后很容易适应。

(3) 以 C51 作为编程环境,实验环境可以得到改善,可以在 PC 机上安装模拟和仿真环境,既可以进行模拟调试,也可进行系统仿真,解决了以往大部分学校用实验板作实验时,系统稳定性差、与实际项目开发环境差别大等缺点。

本书由西安石油大学的宋彩利老师、孙友仓老师和西北工业大学明德学院刘仁贵老师共同编写,由宋彩利老师进行统稿和程序的模拟与仿真。本书的编者长期以来一直从事单片机课程的教学和科研工作,主编过《单片机原理及应用》等教材。本书从实用角度出发,力图做到理论与实际相结合,缩小学校讲授与实际项目开发的距离,使学生学完单片机后能尽快参加到实际项目的开发中。书中收集了许多单片机应用项目中的具体实例,给出了电路图和对应程序,这些内容都经过了软件模拟和实际仿真调试。

全书包括 11 章,第 1 章绪论,主要介绍了单片机的发展、技术特点、应用情况、选型原则和应用系统的开发过程;第 2 章单片机的硬件结构和原理,对单片机的内部结构和工作原理进行了剖析;第 3 章 C51 程序设计,介绍了标准 C 与 C51 的相同点和不同点,对 C51 中增设的功能进行了举例说明;第 4 章 MCS-51 最小应用系统设计,以常用实例介绍了单片机最小应用系统的控制思想、电路设计和控制程序;第 5 章中断系统,介绍了中断的概念及单片机中的中断特点、控制方法和中断服务程序的编写方法;第 6 章定时/计数器,介绍了单片机中定时/计数器的内部结构、工作原理、工作方式和编程应用方法;第 7 章串行通信,介绍了单片机中串行口的内部结构、工作原理、工作方式和编程应用方法;第 8 章单片机系统扩展,主要介绍了各类存储器的扩展方法和外设的扩展方法,并举例说明了扩展系统的编程方法;第 9 章模拟通道技术,介绍了输入通道和输出通道技术、应用和编程方法;第 10 章单片机应用系统实例,列举了单片机应用项目中常用的也是比较典型的例题,希望能起到抛砖引玉的作用;第 11 章单片机开发环境介绍,以图解的形式介绍了目前比较流行的 Keil 软件,给大家提供一个验证程序和调试系统的平台。

第一版教材使用多年来得到许多读者的关注与好评,根据读者反馈意见,第二版教材在内容上作了一些调整,并补充了一些应用实例,希望为读者提供更多的开发经验。尽管我们作了很大努力,力争为读者提供一些单片机应用系统的开发经验,但由于编者水平有限,有可能出现错误或考虑不周之处,请读者继续提出宝贵意见。

编　者

目　录

第 1 章 绪论

单片微型计算机(Single Chip Microcomputer)简称为单片机,又称微控制器(Microcontroller Uint)。是指在一块芯片上集成了中央处理器(CPU)、随机存储器(RAM)、程序存储器(ROM、EPROM 或 E^2PROM)、定时/计数器、并行 I/O 接口、中断控制器和串行接口等部件而构成的微型计算机系统。目前,新型的单片机内还有 A/D 和 D/A 转换器、DMA 通道、显示驱动电路等特殊功能部件。随着技术的发展,单片机片内集成的功能越来越强,并朝着 SoC(片上系统)方向发展。

1.1 单片机的发展概况

单片机诞生于 20 世纪 70 年代末,按数据总线的位数进行划分,单片机分为 4 位机、8 位机、16 位机和 32 位机。

1. 4 位单片机

单片机的开发和应用是从 4 位机开始的,表示它每次可并行运算或传送 4 位二进制数据,由于 4 位单片机内部结构简单、价格便宜、功能灵活,至今仍有一定的市场需求,不断有功能增加的 4 位机问世。目前,4 位单片机以美国 National Semiconductor 公司的 COP402 和日本电气 NEC 公司的 Mpd75xx 为主。

4 位单片机既有相当大的数据处理能力,又有一定的控制能力。4 位单片机的典型应用领域有:PC 机用的输入装置(鼠标、游戏杆)、电池充电器(Ni-Cd 电池、锂电池)、运动器材、带液晶显示的音、视频产品控制器、一般家用电器的控制及遥控器、电子玩具、计时器、时钟、计算器、多功能电话、LCD 游戏机等。

2. 8 位单片机

8 位单片机是目前品种最为丰富、应用最为广泛的单片机,有着体积小、功耗低、功能强、性能价格比高、易于推广应用等显著优点,被广泛应用于自动化装置、智能仪器仪表、过程控制、通信、家用电器等许多领域。随着价格的不断下降,8 位单片机仍然会活跃在单片机的舞台上。

目前,8 位单片机主要分为 MCS-51 系列及其兼容机型和非 MCS-51 系列单片机。MCS-51 兼容产品因开发工具及软、硬件资源齐全而占主导地位,ATMEL、PHILIPS、WINBOND 是 MCS-51 单片机生产的老牌厂家,CYGNAL 及 ST 也推出新的产品,其中 ST 新推出的 μPSD 系列,片内有大容量 FLASH(128/256KB)、8/32KB 的 SRAM、集成 A/D、看门狗、上电复位电路、两路 UART、支持在系统编程 ISP 及在应用中编程 IAP 等诸多先进特性,迅速被广大 MCS-51 系列单片机用户接受。非 MCS-51 系列单片机在中国应用较广的有 MO-TOROLA68HC05/08 系列、MICROCHIP 的 PIC 单片机以及 ATMEL 的 AVR 单片机。

3. 16 位单片机

16 位单片机操作速度及数据吞吐能力在性能上比 8 位机有较大提高。目前以 INTEL 的 MCS-96/196 系列、TI 的 MSP430 系列及 MOTOROLA 的 68HC11 系列为主。

16 位单片机主要应用于工业控制、智能仪器仪表、便携式设备等场合。其中 TI 的 MSP430 系列以其超低功耗的特性广泛应用于低功耗场合。

4. 32 位单片机

32 位单片机是单片机的发展趋势,随着技术发展及开发成本和产品价格的下降将会与 8 位机并驾齐驱。生产 32 位单片机的厂家与 8 位机的厂家一样多。ARM、MOTOROLA、TOSHIBA、HITACH、NEC、EPSON、MITSUBISHI、SAMSUNG 群雄割据,其中以 32 位 ARM 单片机及 MOTOROLA 的 MC683xx、68K 系列应用相对广泛。

1.2 单片机发展的技术特点

从单片机发展历程可以看出,单片机技术的发展以微处理器(MPU)技术及超大规模集成电路技术的发展为先导,以广泛的应用领域拉动,表现出以下技术特点。

1. 单片机长寿命

这里所说的长寿命,一方面指用单片机开发的产品可以稳定可靠地工作十年、二十年,另一方面是指与微处理器相比的长寿命。MPU 更新换代的速度越来越快,以 386、486、586 为代表的 MPU,几年内就被淘汰出局,而传统的单片机如 8051、68HC05 等,从开始应用至今产量仍是上升的。一些上市的相对年轻的单片机,也会随着 I/O 功能模块的不断丰富,有着相当长的生存周期。

2. 8 位、32 位单片机共同发展

8 位、32 位单片机共同发展这是当前单片机技术发展的另一动向。长期以来,单片机技术的发展是以 8 位机为主的。随着移动通讯、网络技术、多媒体技术等高科技产品进入家庭,32 位单片机应用得到了长足、迅猛的发展。

3. 单片机速度越来越快

为提高单片机抗干扰能力、降低噪声、降低时钟频率而不牺牲运算速度是单片机技术发展之追求。一些 8051 单片机兼容厂商改善了单片机的内部时序,在不提高时钟频率的条件下,使运算速度提高了很多,Motorola 单片机则使用了锁相环技术或内部倍频技术使内部总线速度大大高于时钟振荡器的频率。68HC08 单片机使用 4.9MHz 外部振荡器而内部时钟达 32M。三星电子新近推出了 1.2GHz 的 ARM 处理器内核 Halla。

4. 低电压与低功耗

几乎所有的单片机都有 Wait、Stop 等省电运行方式。允许使用的电源电压范围也越来越宽。一般单片机都能在 3～6V 范围内工作,对电池供电的单片机不再需要对电源采取稳压措施。低电压供电的单片机电源下限已由 2.7V 降至 2.2V、1.8V、0.9V 供电。

5. 低噪声与高可靠性技术

为提高单片机系统的抗电磁干扰能力,使产品能适应恶劣的工作环境,满足电磁兼容性方面更高标准的要求,各单片机商家在单片机内部电路中采取了一些新的技术措施。如 ST 公司的 μPSD 系列单片机片内增加了看门狗定时器,NS 的 COP8 单片机内部增加了抗 EMI 电路,增强了看门狗的性能。

6. ISP 及 IAP 技术

在系统编程技术 ISP(In System Programming)及在应用中编程 IAP(In Application Programming)是通过单片机上引出的编程线、串行数据、时钟线等对单片机编程,编程线与 I/O 线共用,不增加单片机的额外引脚。ISP 为开发调试提供了方便,并使单片机系统远程调试、升级成为现实。

1.3　单片机的应用

单片机有体积小、功耗低、功能强、性能价格比高、易于推广应用等显著优点,在自动化装置、智能仪器仪表、过程控制、通信、家用电器等许多领域得到日益广泛的应用。其典型应用领域有如下几个方面。

1. 工业过程控制

由于单片机的 I/O 接口线多,位操作指令丰富,逻辑功能强,所以特别适合于工业过程控制。如锅炉控制、电机控制、机器人控制、交通灯控制、纺织控制、数控机床、雷达、导航控制以及航天导航系统,等等。在控制系统中,单片机用来完成开关量和模拟量的采集、计算和处理,然后输出控制信号以控制设备有条不紊地工作。

2. 智能仪表

用单片机改造原有的测量仪表能促进仪表向数字化、智能化、多功能化、综合化和柔性化发展。如电流、电压、温度、压力、流量、浓度等的测量与显示。通过采用单片机软件编程技术,使测量仪表中长期存在的修正误差、显性化处理等难题迎刃而解。

3. 机电一体化产品

单片机与传统的机械产品结合,使传统机械产品结构简化,控制智能化。典型的产品有数控机床、医疗器械等。

4. 计算机网络与通信

比较高档的单片机都具有通信接口,为单片机在计算机网络与通信设备中的应用创造了比较好的条件。利用单片机与单片机之间的通信可以制作分布式控制系统,利用单片机与 PC 机之间的通信还可以制作管控一体化系统。

5. 家用电器

由于单片机价格低、逻辑判断控制能力强,且内部具有定时/计数器,所以广泛应用于家用电器中。如洗衣机、电冰箱、微波炉、电饭煲、防盗报警器等。

1.4　单片机选型

为了满足不同的需求,在开始设计应用系统时,必须认真考虑,进行选型。一般情况下,选择型号应注意以下几个方面。

1. 芯片的可靠性及温度等级

可靠性等级与温度档次有相关性,不同的应用环境应选择不同温度档次的单片机。一般情况下,单片机芯片上都有温度等级标志,温度分为 3 级,其对环境温度的适应能力为:

民用级:0～70℃

工业级:-40～85℃

军用级:-65～125℃

2. 片内 ROM 供应状态

一般同一系列的单片机中有不同 ROM 状态的芯片,包括片内无 ROM、片内带 ROM、EPROM 或 E^2PROM 等。例如,3031/8051/8751/80C51 分别为片内无 ROM、片内带 ROM、片内带 EPROM 和片内带 E^2PROM 的供应状态。不同的供应状态的单片机其构成的应用系统及研制过程也不相同。

3. 半导体工艺状态

在单片机型号中常用英文字母表示其半导体工艺类型。例如 8051 为 HMOS 工艺,80C51 为 CMOS 工艺,采用不同的半导体工艺直接影响应用系统的功耗、运行温度和工作电压范围的选择。要特别注意的是,设计低功耗系统时,必须采用 CMOS 芯片,而且在软、硬件设计中要充分利用 Wait 和 Stop 工作方式。

1.5　单片机应用系统的开发过程

单片机虽然是一个五脏俱全的微型计算机,但由于本身无自开发能力,必须借助于开发工具来开发应用软件以及对硬件资源进行诊断。进行一个完整应用系统开发必须经过以下步骤。

1. 确定方案,选择芯片

进行应用系统设计时,应先进行需求分析,根据应用需要确定系统规模,然后选择单片机型号、存储器的容量以及外围接口芯片的型号。

2. 硬件电路设计、组装与调试

硬件电路的设计包括原理图设计和印制电路板(PCB)的设计,常用的设计软件为 Protel。目前,Protel 有多种版本,如 Protel 99se、Protel dxp 等。在 Protel 下先设计原理图,然后转换为 PCB 图。根据 PCB 图由 PCB 生产厂家加工为 PCB 板,最后将元器件焊接在 PCB 板上形成应用系统的目标板,设计人员要对目标板电路进行调试与测试,保证硬件电路正确。

3. 应用软件的调试与仿真

目标板制作完成后,应根据需要编写应用软件,由于目标板上无程序和数据输入输出及调试用的键盘和显示器,因此软件的调试必须借助于 PC 机和仿真器来完成,仿真器与 PC 机和目标板的连接如图 1.1 所示。

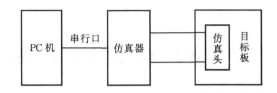

图 1.1　仿真器与 PC 机和目标板的连接

仿真器是一种调试工具,用于在线调试程序。仿真器型号很多,但使用方法基本相同。大部分仿真器都有一个串口线与 PC 机的串行口进行连接,也有部分是经 USB 口进行连接。软件调试时,目标板上的单片机芯片暂时不安装,仿真器上的仿真头插在目标板的单片机芯片的位置。仿真器连接好后,在 PC 机上安装仿真软件,利用仿真软件可进行程序的编辑与调试,调试时可从目标模块上观察其工作情况,等到系统完全满足用户需求后,利用仿真软件生成目标代码。

4. 应用软件的固化

仿真结束,说明系统的软、硬件完全满足要求,那么如何将程序写入单片机的程序存储器呢? 这时,可利用写入器来完成程序的固化工作。写入器也叫编程器,经串行口与 PC 机相连,如图 1.2 所示。写入器上有适合各种芯片的插槽,每个写入器都带有写入软件,将该软件安装在 PC 机上,写入程序时,可将芯片插入相应的插槽上,然后利用写入器软件,打开目标文件,选择芯片的厂家、型号和写入地址,再用固化命令将目标程序写入。

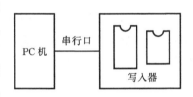

图 1.2　写入器与 PC 机的连接

5. 应用系统脱机运行

系统是否能正常运行,最重要的是要看其独立工作的情况。在整个系统仿真结束并将程序固化后,将写入了程序的单片机芯片插入目标板的相应位置,系统上电复位时,观察其运行情况。如果系统运行正常,一个完整的应用系统的开发就完成了;如果系统运行不正常,就要重新进行仿真调试和程序固化,甚至要修改电路,直至系统完全满足应用需要。

习题

1. 什么是单片机?
2. 单片机有几个温度等级?
3. 说明单片机的发展情况和技术特点。
4. 举例说明单片机的应用情况。
5. 说明单片机应用系统的开发过程,并说明开发过程中所用设备的功能。

第 2 章 MCS-51 单片机的硬件结构和原理

2.1 MCS-51 单片机内部结构

MCS-51 系列单片机是一种高性能 8 位单片微型计算机。它把构成计算机的中央处理器 CPU、存储器、I/O 接口制作在一块集成电路芯片中,从而构成较为完整的计算机。另外,在其内部还集成有定时/计数器、串行口等部件,因此可方便地用于定时控制和远程数据传送。在 MCS-51 系列单片机中,主要有 8031、8051、8751 及 80C51 等型号。其中 8051 有 4KB ROM,8751 有 4KB EPROM,80C51 有 4KB Flash 存储器;而 8031 内部没有程序存储器,必须由外部配置。

MCS-51 系列单片机的内部结构如图 2.1 所示,其中包含 1 个 8 位中央处理器 CPU、4KB 程序存储器 ROM、128B 随机存取存储器 RAM、4 个 8 位并行 I/O 接口、1 个全双工串行口、2 个 16 位定时/计数器及 21 个特殊功能寄存器。外部具有 64KB 程序存储器寻址能力和 64KB 数据存储器寻址能力。

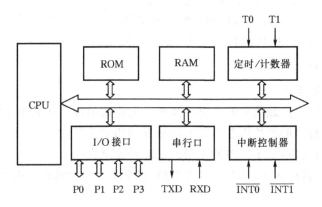

图 2.1 MCS-51 系列单片机的内部结构

2.2 中央处理器 CPU

中央处理器是进行算术/逻辑运算和控制程序执行的部件,包括运算器和控制器两部分。

2.2.1 运算器

运算器主要包括算术/逻辑部件 ALU、累加器 ACC、程序状态寄存器 PSW 等。为了提高数据处理和位操作能力,片内设有一个通用寄存器 B 和一些专用寄存器。

1. 算术/逻辑部件 ALU

ALU 的功能主要是对数据进行加、减、乘、除等算术运算及"与"、"或"、"非"、"异或"等逻辑运算。对于位操作数,可进行置位、清零、求反、移位、条件判断及按位"与"、按位"或"等操作。

2. 累加器 ACC

累加器 ACC 也可用 A 表示,是一个 8 位寄存器,在算术逻辑运算时用来存放一个源操作数和运算结果,在与外部数据存储器、程序存储器和 I/O 接口传送数据时都要经过 ACC。

3. 寄存器 B

寄存器 B 与累加器 ACC 配合用于乘、除法指令中。在乘法运算时,用 B 存放一个乘数和乘积的高位,在除法指令中,用于存放除数和商。

4. 程序状态寄存器 PSW

PSW 寄存器共有 8 位,全部用作程序运行时的状态标志,其格式如下:

PSW	CY	AC	F0	RS1	RS0	OV	—	P	字节地址 D0H
位地址	D7H	D6H	D5H	D4H	D3H	D2H	D1H	D0H	

P:奇偶标志位。当累加器中 1 的个数为奇数时,P 置 1;否则清 0。在 MCS - 51 单片机的指令系统中,凡是改变累加器内容的指令均影响奇偶标志位 P。

OV:溢出标志。当执行算术运算时,最高位和次高位的进位(或借位)不同时,有溢出,OV 置 1;否则,没有溢出,OV 清 0。

RS0、RS1:寄存器工作区选择。

F0:用户标志位。

AC:辅助进位标志位。算术运算时,若低半字节向高半字节有进位(或借位)时,AC 置 1;否则清 0。

CY:最高进位标志位。算术运算时,若最高位有进位(或借位)时,CY 置 1;否则清 0。

2.2.2　控制器

控制器包括程序计数器 PC、指令寄存器、指令译码器、定时控制与条件转移逻辑电路等,其中指令寄存器、指令译码器、定时控制与条件转移逻辑电路对用户来说是透明的。由于单片机可以外接 64K 字节的数据存储器和 I/O 接口电路,因此在控制器中设有一个 16 位的数据指针寄存器 DPTR,用来对外部数据存储器和 I/O 接口寻址。为了便于数据保护,设有 8 位堆栈指针 SP。

1. 程序计数器 PC

程序存放在程序存储器中,每条指令都有自己的地址,由 PC 指示将要执行的指令的地址,PC 是一个 16 位寄存器,可寻址范围为 0000H～FFFFH,共 64K。系统复位时,PC 的值为 0000H,因此,复位后程序的入口地址为 0000H。

2. 堆栈指针 SP

堆栈是按"先进后出"原则进行数据存取的数据区域,用于子程序调用与返回及中断处理时保存断点的数据。在 MCS-51 系列单片机中,堆栈向上生成,空栈底,实栈顶,由堆栈指针 SP 指示栈顶地址。SP 是一个 8 位寄存器,属特殊功能寄存器,字节地址为 81H。堆栈工作区可设在内部 RAM 的任意区域中,但在使用时注意不要与所选寄存器工作区、位地址区重叠。系统复位后,堆栈指针 SP 的初值为 07H,指向寄存器工作区 0。因此,用户在初始化程序中应对 SP 设置初值,一般设在 30H~7FH 为宜。

3. 数据指针寄存器 DPTR

DPTR 是一个 16 位寄存器,可分为两个 8 位寄存器 DPH 和 DPL,在访问数据存储器或 I/O 接口时,用于提供 16 位地址。

2.3　存储器结构

在 MCS-51 系列单片机中,程序存储器和数据存储器互相独立,物理结构也不相同。程序存储器为只读存储器,数据存储器为随机存取存储器。从物理地址空间看,共有 4 个存储地址空间,即片内程序存储器、片外程序存储器、片内数据存储器和片外数据存储器,I/O 接口与外部数据存储器统一编址,其示意如图 2.2 所示。

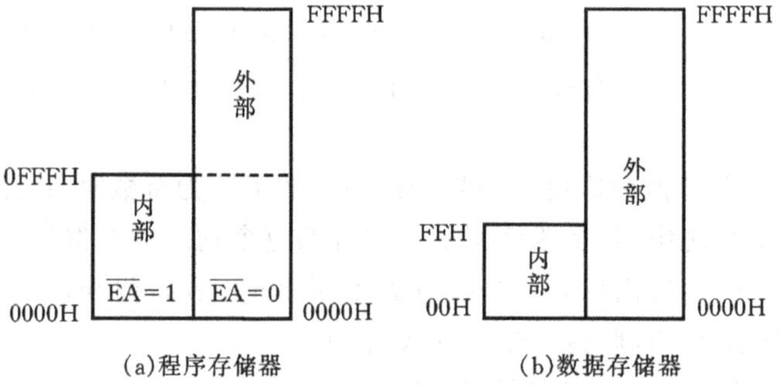

图 2.2　MCS-51 存储器空间

2.3.1　程序存储器

程序存储器包括内部程序存储器和外部程序存储器。8051 内设 4KB ROM,8751 内设 4KB EPROM,地址范围为 0000H~0FFFH,外部可扩展 64KB,地址范围为 0000H~FFFFH。由于单片机一般作为嵌入式专用计算机使用,因此程序存储器通常选用 ROM/EPROM 来固化应用程序。

在芯片引脚中有一个控制端$\overline{EA}$。若该端接高电平,程序执行时先执行内部程序存储器中的程序,当地址大于等于 1000H 后,执行外部程序存储器中的程序。若该端接低电平,则全部执行外部程序存储器中的程序。

2.3.2　数据存储器

数据存储器包括内部数据存储器和外部数据存储器。内部数据存储器分为 128 字节的 RAM 区和 128 字节的特殊功能寄存器区,总的地址范围为 00H~FFH。在特殊功能寄存器地址空间中离散地分布着 21 个特殊功能寄存器。如累加器 A、寄存器 B、程序状态标志寄存器 PSW 等。外部可扩充 64KB 的数据存储器,地址范围为 0000H~FFFFH。

1. 内部 RAM

内部 RAM 共 128 个字节单元,其分布如图 2.3 所示。00H~1FH 单元为 4 个寄存器工作区,每区 8 个寄存器,表示为 R0～R7。寄存器工作区的选择是通过程序状态寄存器 PSW 的第 3～4 位进行,如表 2.1 所示。设置 4 个寄存器工作区可以提高现场保护能力和 CPU 实时响应的速度。

表 2.1　寄存器工作区选择与地址分配

PSW.4(RS1)	PSW.3(RS0)	寄存器区	R0～R7 占用地址
0	0	0 区	00H～07H
0	1	1 区	08H～0FH
1	0	2 区	10H～17H
1	1	3 区	18H～1FH

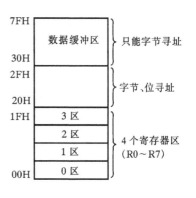

图 2.3　内部 RAM 结构

20H～2FH 的 16 个单元既可以按字节寻址,作为一般的工作单元,又可以按位寻址,进行位操作。这 16 个单元共有 128 位,每位有一个位地址,位地址范围为 00H～7FH,如表 2.2 所示。30H～7FH 区只能按字节寻址,一般用作数据缓冲区或堆栈区,存放程序执行过程中的临时数据。

表 2.2　RAM 寻址区位地址分配

字节地址	位 地 址							
	D_7	D_6	D_5	D_4	D_3	D_2	D_1	D_0
2FH	7F	7E	7D	7C	7B	7A	79	78
2EH	77	76	75	74	73	72	71	70
2DH	6F	6E	6D	6C	6B	6A	69	68
2CH	67	66	65	64	63	62	61	60
2BH	5F	5E	5D	5C	5B	5A	59	58
2AH	57	56	55	54	53	52	51	50
29H	4F	4E	4D	4C	4B	4A	49	48
28H	47	46	45	44	43	42	41	40
27H	3F	3E	3D	3C	3B	3A	39	38
26H	37	36	35	34	33	32	31	30
25H	2F	2E	2D	2C	2B	2A	29	28
24H	27	26	25	24	23	22	21	20
23H	1F	1E	1D	1C	1B	1A	19	18
22H	17	16	15	14	13	12	11	10
21H	0F	0E	0D	0C	0B	0A	09	08
20H	07	06	05	04	03	02	01	00

2. 特殊功能寄存器

特殊功能寄存器有 21 个,离散地分布在 80H～FFH 地址区域中,其名称、地址分配如表 2.3 所示,其中有 11 个特殊功能寄存器既能按字节地址访问,也能按位地址访问,如累加器 A、寄存器 B、程序状态字 PSW 等,表中给出了字节地址和对应的位地址。

表 2.3　MCS - 51 特殊功能寄存器

特殊功能寄存器	字节地址	位 地 址							
		D7							D0
B	F0H	F7	F6	F5	F4	F3	F2	F1	F0
A	E0H	E7	E6	E5	E4	E3	E2	E1	E0
PSW	D0H	CY	AC	F0	RS1	RS0	OV		P
		D7	D6	D5	D4	D3	D2	D1	D0
IP	B8H				PS	PT1	PX1	PT0	PX0
		—	—	—	BC	BB	BA	B9	B8
P3	B0H	P3.7	P3.6	P3.5	P3.4	P3.3	P3.2	P3.1	P3.0
		B7	B6	B5	B4	B3	B2	B1	B0
IE	A8H	EA			ES	ET1	EX1	ET0	EX0
		AF	—	—	AC	AB	AA	A9	A8
P2	A0H	P2.7	P2.6	P2.5	P2.4	P2.3	P2.2	P2.1	P2.0
		A7	A6	A5	A4	A3	A2	A1	A0
SBUF	99H								
SCON	98H	SM0	SM1	SM2	REN	TB8	RB8	TI	RI
		9F	9E	9D	9C	9B	9A	99	98
P1	90H	P1.7	P1.6	P1.5	P1.4	P1.3	P1.2	P1.1	P1.0
		97	96	95	94	93	92	91	90
TH1	8DH								
TH0	8CH								
TL1	8BH								
TL0	8AH								
TMOD	89H								
TCON	88H	TF1	TR1	TF0	TR0	IE1	IT1	IE0	IT0
		8F	8E	8D	8C	8B	8A	89	88
PCON	87H								
DPH	83H								
DPL	82H								
SP	81H								
P0	80H	P0.7	P0.6	P0.5	P0.4	P0.3	P0.2	P0.1	P0.0
		87	86	85	84	83	82	81	80

3. 外部数据存储器

在 MCS-51 系列单片机的外部可扩展 64KB 的数据存储器,用来存放随机数据,因此一般由 RAM 构成。外部数据存储器地址为 0000H~FFFFH,地址由 P0 和 P2 口提供。

2.4 MCS-51 单片机对外引脚

MCS-51 单片机有 40 个引脚,采用双列直插式结构,其引脚分布与逻辑符号如图 2.4 所示。其中包括 4 个 8 位并行 I/O 接口线、6 条控制信号线和 2 条电源线。

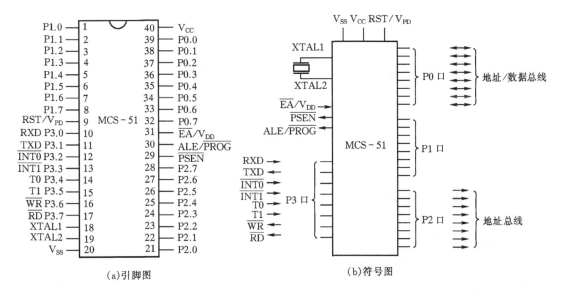

图 2.4　MCS-51 引脚分布与符号图

并行口 P0:8 位双向 I/O 接口,连接外部存储器或扩充外设时,作为低 8 位地址线和 8 位数据线。

并行口 P1:8 位准双向 I/O 接口,在编程和校验时接收低 8 位地址,每一位可以独立地输入/输出。

并行口 P2:8 位准双向 I/O 接口,连接外部存储器或扩充外设时,作为高 8 位地址线,在编程和校验时接收高位地址和控制信号。

并行口 P3:8 位准双向 I/O 接口,另外还兼有中断、定时/计数器、串行通信、$\overline{RD}$ 和 $\overline{WR}$ 等控制功能。具体功能如表 2.4 所示。

RST/V_{PD}:复位及提供后备电源。MCS-51 采用电平复位,复位高电平应保持 2 个机器周期。另外,机器即将掉电时,可由 V_{PD} 提供备用电源。

ALE/$\overline{PROG}$:ALE 地址输出锁存信号,访问外部存储器时作为地址锁存信号,EPROM 编程时输入编程脉冲。

$\overline{PSEN}$:外部程序存储器读出选通信号,读出内容送并行口 P0。

$\overline{EA}$/V_{DD}:$\overline{EA}$ 内部/外部程序存储器选择信号。$\overline{EA}$ 为高电平,表示选择内部程序存储器;$\overline{EA}$ 为低电平,表示选择外部程序存储器。对于内部没有程序存储器的单片机,$\overline{EA}$ 必须接地。

对于 EPROM 编程时 V_{DD} 接 21V 电源。

XTAL1、XTAL2：外接晶体振荡器或外部时钟。

V_{CC}：＋5V 电源。

V_{SS}：接地端。

表 2.4　P3 口功能控制信号线

引脚	符号	功能
P3.0	RXD	串行口输入
P3.1	TXD	串行口输出
P3.2	$\overline{INT0}$	外部中断 0 输入
P3.3	$\overline{INT1}$	外部中断 1 输入
P3.4	T0	定时/计数器 0 外部输入
P3.5	T1	定时/计数器 1 外部输入
P3.6	$\overline{WR}$	外部数据存储器写信号
P3.7	$\overline{RD}$	外部数据存储器读信号

2.5　复位与掉电保护

1. 内部复位电路

MCS-51 系列单片机的内部复位电路如图 2.5 所示，RST/V_{PD} 引脚一方面经施密特触发器与内部复位电路连接，另一方面经二极管与内部 RAM 连接。其作用是为内部电路提供复位信号和在掉电时为 RAM 存储器提供备用电源。

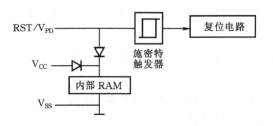

图 2.5　内部复位电路

2. 外部复位电路

MCS-51 单片机有两种外部复位方式，上电复位和开关复位，上电复位电路如图 2.6(a) 所示，上电瞬间，RC 电路充电，RST 引脚上出现正脉冲，只要正脉冲保持 100ms 以上，就能使单片机有效复位。如果由于某种干扰，单片机不能正常复位，就需要加开关复位，开关复位电路如图 2.6(b)所示。

在实际应用系统中，有些外围芯片也需要复位，如果这些复位电平与单片机要求一致，则可与之相连。MCS-51 单片机复位时，内部特殊功能寄存器处于初始状态，其值如表 2.5 所示。

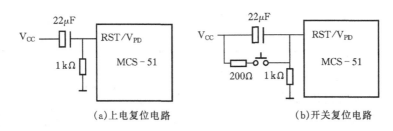

(a)上电复位电路　　　　　　(b)开关复位电路

图 2.6　外部复位电路

表 2.5　复位后特殊功能寄存器的状态

特殊功能寄存器	名　称	地　址	复位后状态
B	通用寄存器	F0H	00H
A	累加器	E0H	00H
PSW	程序状态字	D0H	00H
IP	中断优先级寄存器	B8H	×××00000B
P3	P3 口	B0H	FFH
IE	中断允许寄存器	A8H	0××00000B
P2	P2 口	A0H	FFH
SBUF	串行口发送/接收缓冲器	99H	不定
SCON	串行口控制寄存器	98H	00H
P1	P1 口	90H	FFH
TH1	定时/计数器 1 高 8 位	8DH	00H
TH0	定时/计数器 0 高 8 位	8CH	00H
TL1	定时/计数器 1 低 8 位	8BH	00H
TL0	定时/计数器 0 低 8 位	8AH	00H
TMOD	定时/计数器方式字	89H	00H
TCON	定时/计数器控制寄存器	88H	00H
PCON	波特率选择寄存器	87H	00H
DPH	地址寄存器高 8 位	83H	00H
DPL	地址寄存器低 8 位	82H	00H
SP	堆栈指针	81H	07H
P0	P0 口	80H	FFH

3. 掉电保护

掉电保护是为了防止电源故障的一种措施。MCS-51 单片机的 V_{PD} 引脚除作为复位信号输入端外还作为备用电源输入端。一旦主电源 V_{CC} 出现故障后可由 V_{PD} 接通备用电源,以保证内部 RAM 存储器中的信息不丢失。

备用电源输入电路有多种,图 2.7 所示仅是其中一种。当用户系统检测到电源故障时,可

通过 $\overline{\text{INT0}}$ 向 CPU 发中断请求。CPU 中断响应后,执行中断服务程序,将有关数据送入内部 RAM 保存,然后由 P1.0 输出一个 0 信号(低电平),触发单稳电路 555。单稳电路输出脉冲的宽度由 RC 电路和 V_{cc} 决定。如果单稳电路定时输出后,V_{cc} 仍然存在,则这一请求为假报警,然后复位,重新工作。如果单稳电路定时输出结束之前 V_{cc} 已掉电,则由单稳电路接通 V_{PD} 上的备用电源,直到 V_{cc} 恢复正常。这一段时间的长短由 RC 电路决定。如果整个系统附有备用电源,也可由 CPU 输出控制信号,启动系统备用电源。

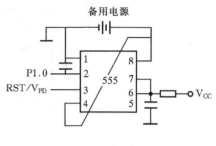

图 2.7　掉电保护

2.6　时钟电路与工作时序

1. 时钟电路

MCS-51 单片机芯片内部有一个反向放大器构成的振荡器,XTAL1 和 XTAL2 引脚分别为振荡器的输入端和输出端,时钟可以由内部或外部产生。内部时钟电路如图 2.8(a)所示。在 XTAL1 和 XTAL2 引脚上接一定时元件,内部振荡电路就产生自激振荡,定时元件通常是由石英晶体(晶振)和电容组成谐振电路。晶体振荡频率可在 1.2~12MHz 之间选择,电容 C1、C2 的取值在 5~30pF。外部时钟电路如图 2.8(b)所示。XTAL1 接地,XTAL2 接外部振荡器,振荡器频率为不低于 12MHz 的方波信号。

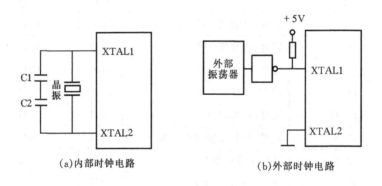

(a)内部时钟电路　　　　　　　　　(b)外部时钟电路

图 2.8　时钟电路

2. 工作时序

MCS-51 系列单片机的定时时序如图 2.9 所示。一个机器周期定为 6 个时钟周期,6 个时钟周期表示为 S1~S6。在一个机器周期中,包含有两个机器周期信号 ALE。时钟信号 S 为振荡器频率 P 的 2 分频,一般情况下,算术/逻辑运算在 S 的前半周期 P1 进行,内部寄存器传送在 S 的后半周期 P2 进行。MCS-51 单片机的大部分指令执行时间为一个机器周期,少数为 2 个机器周期,乘法和除法指令需要 4 个机器周期。

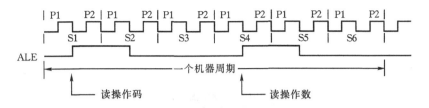

图 2.9　MCS - 51 时序图

2.7　单片机最小系统

对于片内有 ROM/EPROM/E²PROM 的单片机,用一片这种芯片构成的最小系统简单、可靠。构成最小系统时,只要将单片机接上时钟电路和复位电路,将 $\overline{EA}$ 接高电平即可,如图 2.10 所示。最小系统时,P0、P1、P2、P3 都可用作 I/O 线,但由于集成度限制,片内存储器容量有限,因此,最小系统主要用于一些简单的控制系统中。

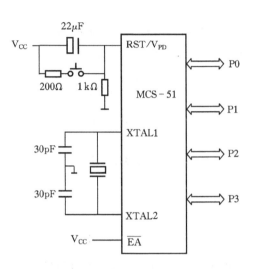

图 2.10　最小系统电路图

习题

1. MCS - 51 系列单片机包括哪些型号? 各有什么特点?
2. 说出 MCS - 51 单片机运算器的组成。
3. 说出 MCS - 51 单片机控制器的组成。
4. MCS - 51 单片机中程序状态字 PSW 有哪些标志位? 作用是什么?
5. 说出振荡周期、时钟周期、机器周期、指令周期之间的关系。
6. MCS - 51 单片机的存储器分为几类? 写出每类存储器的地址范围。
7. MCS - 51 单片机内部数据存储器的地址是怎样分配的?
8. MCS - 51 单片机中特殊功能寄存器有哪些? 各有什么作用?
9. MCS - 51 单片机有哪几个输入输出接口? 各有什么特点? 各有什么作用?
10. 请画出 MCS - 51 单片机的几种外部复位电路。

第 3 章 C51 程序设计

对单片机的编程语言有汇编语言、PL/M 语言和 C 语言三种。由于 C 语言功能强大,结构性、可读性和可维护性好,因而越来越受到人们的青睐。另外,使用 C 语言编程可以缩短开发周期、降低成本,并且可靠性高,可移植性好,目前 C 语言已成为单片机应用系统开发的主流语言。为与标准 C 语言区分,单片机编程所用的 C 语言简称为 C51,将用 C51 语言编写的程序转换生成可执行代码的程序简称 C51 编译器。

3.1 C51 程序结构

3.1.1 C51 结构特点

C51 程序结构与标准的 C 程序结构基本相同,C51 程序是由函数构成的。一个 C51 源程序必须包含一个 main 函数,也可以包含一个 main 函数和若干其它函数。因此,函数是 C51 程序的基本单位。main()函数是主函数,是程序的入口。不管 main()函数放在何处,程序总是从 main()函数开始执行,执行到 main()函数结束则结束。在 main()函数中调用其它函数,其它函数也可以相互调用,但 main()函数不能被其它的函数调用。

C51 中函数分为两大类,一类是库函数,一类是用户自定义函数。库函数是 C51 在库文件中已定义的函数,其函数说明在相关的头文件中,用户编程时只要用 include 预处理指令包含相关头文件,就可在程序中直接调用。用户自定义函数是用户自己定义、自己调用的一类函数。

在编写 C51 程序时,程序的开始部分一般是预处理命令、函数说明和变量定义等,然后是函数部分。C51 程序结构一般如下:

```
预处理命令:    #include<>
函数声明:      char fun1();
               int fun2(int ,int);
函数1:         char fun1()
               {
               //函数体
               }
函数2:         int fun2(int x,int y)
               {
               //函数体
```

```
                           }
主函数：        void main()
                           {
                           //主函数体
                           }
```

其中,函数往往由"函数定义"和"函数体"两个部分组成。函数定义部分包括有函数类型、函数名、形式参数说明等,函数名后面必须跟一个圆括号(),形式参数在()内定义。函数体由一对花括号"{}"组成,在"{}"中的内容就是函数体。如果一个函数内有多个花括号,则最外层的一对"{}"为函数体的内容。函数体内包含若干语句,一般由两部分组成:声明语句和执行语句。声明语句用于对函数中用到的变量进行定义,也可能对函数体中调用的函数进行声明。执行语句由若干语句组成,用来完成一定功能。有的函数体仅有一对"{}",其内部既没有声明语句,也没有执行语句,这种函数称为空函数。

C51 语言程序在书写时格式十分自由,一条语句可以写成一行,也可以写成几行,还可以一行内写多条语句,但每条语句后面必须以分号";"作为结束符。C 语言程序对大小写字母比较敏感,在程序中,系统对同一个字母的大小写是作不同的处理。在程序中可以用"/ * ……* /"或"//"对 C 程序中的任何部分作注释,以增加程序的可读性。

C51 语言本身没有输入输出语句。输入和输出是通过输入输出函数 scanf()和 printf()来实现的。输入输出函数是通过标准库函数形式提供给用户。

3.1.2　C51 与标准 C 的区别

C51 的语法规定、程序结构及程序设计方法都与标准的 C 语言程序设计相同,但 C51 程序与标准的 C 程序在以下几个方面不同:

(1) C51 中定义的库函数和标准的 C 语言定义的库函数不同。标准的 C 语言定义的库函数是按通用微型计算机来定义的,而 C51 中的库函数是按单片机的相应情况来定义的;

(2) C51 中的数据类型与标准 C 的数据类型也有一定的区别,在 C51 中还增加了几种单片机特有的数据类型;

(3) C51 变量的存储模式与标准 C 中变量的存储模式不同,C51 中变量的存储模式是与单片机的存储器紧密相关;

(4) C51 与标准 C 的输入输出处理不同,C51 中的输入输出是通过单片机的串行口来完成的,输入输出指令执行前必须要对串行口进行初始化;

(5) C51 与标准 C 在函数使用方面也有一定的区别,C51 中有专门的中断函数。

(6) 常用的标准 C 的编译器为 TURBO C,支持单片机的 C 语言编译器有很多种,如 Keil、Automation、Avocet、BSO/TASKING、DUNFIELD SHAREWARE 等。各种编译器的基本情况相同,但具体处理时有一定的区别,其中 Keil 以它的代码紧凑和使用方便等特点优于其它编译器,目前使用特别广泛。本书以 Keil 编译器为例介绍 MCS - 51 单片机 C51 语言程序设计。

3.2　C51 的数据类型

C51 的数据类型与标准 C 中的数据类型基本相同,不同的是 C51 中的 int 型与 short 型相同,另外,C51 中还有专门针对于单片机的特殊功能寄存器型和位类型。Keil 编译器支持的数据类型如下:

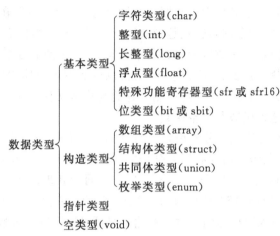

1. char 字符型

char 字符型有 signed char 和 unsigned char 之分,默认为 signed char。它们的长度均为一个字节,用于存放一个单字节的数据。对于 signed char,它用于定义带符号字节数据,其字节的最高位为符号位,"0"表示正数,"1"表示负数,补码表示,所能表示的数值范围是 −128～+127;对于 unsigned char,它用于定义无符号字节数据或字符,可以存放一个字节的无符号数,其取值范围为 0～255。unsigned char 可以用来存放无符号数,也可以存放西文字符,一个西文字符占一个字节,在计算机内部用 ASCII 码存放。

2. int 整型

int 整型分 singed int 和 unsigned int。默认为 signed int。它们的长度均为两个字节,用于存放一个双字节数据。对于 signed int,用于存放两字节带符号数,补码表示,数的范围为 −32768～+32767;对于 unsigned int,用于存放两字节无符号数,数的范围为 0～65535。

3. long 长整型

long 长整型分 singed long 和 unsigned long。默认为 signed long。它们的长度均为四个字节,用于存放一个四字节整数。对于 signed long,用于存放四字节带符号数,补码表示,数的范围为 −2147483648～+2147483647;对于 unsigned long,用于存放四字节无符号数,数的范围为 0～4294967295。

4. float 浮点型

float 型数据的长度为四个字节,格式符合 IEEE 754 标准的单精度浮点型数据,包含指数和尾数两部分,最高位为符号位,"1"表示负数,"0"表示正数,其次的 8 位为阶码,最后的 23 位为尾数的有效数位,由于尾数的整数部分隐含为"1",所以尾数的精度为 24 位。

5. * 指针型

指针型本身就是一个变量,在这个变量中存放的是指向另一个数据的地址。这个指针变量要占用一定的内存单元,对不同的处理器其长度不同,在 C51 中它的长度一般为 1~3 个字节。

6. 特殊功能寄存器型

这是 C51 扩充的数据类型,用于访问单片机中的特殊功能寄存器数据,它分 sfr 和 sfr16 两种类型,其中 sfr 为字节型特殊功能寄存器类型,占一个内存单元,利用它可以访问 MCS - 51 内部的所有特殊功能寄存器;sfr16 为双字节型特殊功能寄存器类型,占用两个字节单元,利用它可以访问 MCS - 51 内部的所有两个字节的特殊功能寄存器。在 C51 中对特殊功能寄存器的访问必须先用 sfr 或 sfr16 进行声明。

7. 位类型

这也是 C51 中扩充的数据类型,用于访问单片机中的可寻址的位单元。在 C51 中,支持两种位类型:bit 型和 sbit 型。它们在内存中都只占一个二进制位,其值可以是 1 或 0。其中用 bit 定义的位变量在 C51 编译器编译时,在不同的时候位地址是可以变化的,而用 sbit 定义的位变量必须与 MCS - 51 单片机的一个可以寻址位单元或可位寻址的字节单元中的某一位联系在一起,在 C51 编译器编译时,其对应的位地址是不可变化的。

表 3.1 为 Keil C51 编译器能够识别的基本数据类型。

表 3.1　Keil C51 编译器能够识别的基本数据类型

基本数据类型	长度	取值范围
unsigned char	1 字节	0~255
signed char	1 字节	−128~+127
unsigned int	2 字节	0~65535
signed int	2 字节	−32768~+32767
unsigned long	4 字节	0~4294967295
signed long	4 字节	−2147483648~+2147483647
float	4 字节	±1.175494E−38~±3.402823E+38
bit	1 位	0 或 1
sbit	1 位	0 或 1
sfr	1 字节	0~255
sfr16	2 字节	0~65535

在 C51 语言程序中,有可能会出现在运算中数据类型不一致的情况。C51 允许任何标准数据类型的隐式转换,隐式转换的优先级顺序如下:

　　　　bit→char→int→long→float

　　　　signed→unsigned

也就是说,当 char 型与 int 型进行运算时,先自动对 char 型扩展为 int 型,然后与 int 型进行运算,运算结果为 int 型。C51 除了支持隐式类型转换外,还可以通过强制类型转换符"()"对数据类型进行人为的强制转换。

C51 编译器除了能支持以上这些基本数据类型之外,还能支持一些复杂的组合型数据类型,如数组类型、指针类型、结构类型、联合类型等,将在本书的后面章节中介绍。

3.3　C51 的运算量

3.3.1　常量

常量是指在程序执行过程中其值不能改变的量。在 C51 中支持整型常量、浮点型常量、字符型常量和字符串型常量。

1. 整型常量

整型常量也就是整型常数,根据其值范围在计算机中分配不同的字节数来存放。在 C51 中它可以表示成以下几种形式:

十进制整数。如 234、−56、0 等。

十六进制整数。以 0x 开头表示,如 0x12 表示十六进制数 12H。

长整数。在 C51 中当一个整数的值达到长整型的范围,则该数按长整型存放,在存储器中占四个字节,另外,如一个整数后面加一个字母 L 或字母 l,这个数在存储器中也按长整型存放。如 123L 在存储器中占四个字节。

2. 浮点型常量

浮点型常量也就是实型常数。有十进制表示形式和指数表示形式。

十进制表示形式又称定点表示形式,由数字和小数点组成。如 0.123、34.645 等都是十进制数表示形式的浮点型常量。

指数表示形式为:

[±] 数字 [. 数字] e [±]数字

例如:123.456e−3、−3.123e2 等都是指数形式的浮点型常量。

3. 字符型常量

字符型常量是用单引号引起的字符,如'a'、'1'、'F'等。可以是可显示的 ASCII 字符,也可以是不可显示的控制字符。对不可显示的控制字符须在前面加上反斜杠"\"组成转义字符。利用它可以完成一些特殊功能和输出时的格式控制。常用的转义字符如表 3.2 所示。

表 3.2　常用的转义字符

转义字符	含　义	ASCII 码(十六进制数)
\ 0	空字符(null)	00H
\ n	换行符(LF)	0AH
\ r	回车符(CR)	0DH
\ t	水平制表符(HT)	09H
\ b	退格符(BS)	08H
\ f	换页符(FF)	0CH
\ '	单引号	27H
\ "	双引号	22H
\\	反斜杠	5CH

4. 字符串型常量

字符串型常量是由双引号括起的字符组成。如"D"、"1234"、"ABCD"等。注意字符串常量与字符常量是不一样的,一个字符常量在计算机内只用一个字节存放,而一个字符串常量在内存中存放时不仅双引号内的字符一个占一个字节,而且系统会自动地在后面加一个转义字符"\0"作为字符串结束符。因此不要将字符常量和字符串常量混淆,如字符常量'A'和字符串常量"A"是不一样的。

5. 位常量

位常量的值是一位二进制数。

3.3.2　变量

变量是在程序运行过程中其值可以改变的量。一个变量由两部分组成:变量名和变量值。

在 C51 中,变量在使用前必须对变量进行定义,指出变量的存储种类、数据类型和存储模式。以便编译系统为它分配相应的存储单元。定义的格式如下:

［存储种类］　数据类型说明符　［存储器类型］　变量名 1[＝初值],变量名 2[初值]…;

1. 数据类型说明符

在定义变量时,必须通过数据类型说明符指明变量的数据类型,指明变量在存储器中占用的字节数。变量类型可以是基本数据类型说明符,也可以是组合数据类型说明符,还可以是用 typedef 定义的类型别名。

在 C51 中,为了增加程序的可读性,允许用户为系统固有的数据类型说明符用 typedef 起别名,格式如下:

typedef　c51 固有的数据类型说明符　别名;

定义别名后,就可以用别名代替数据类型说明符对变量进行定义。别名可以用大写,也可以用小写,一般用大写字母表示。

【例 3－1】typedef 的使用。

typedef　unsigned　int　WORD;

typedef　unsigned　char　BYTE;

BYTE　　a1＝0x12;

WORD　　a2＝0x1234;

在 C51 中,也可以使用预定义语句将固有数据类型定义为一个标识等,在程序编译时,遇到标识符的地方自动替换为固有数据类型。预定义格式如下:

＃define　标识符　固有数据类型

例如:＃define　　uchar　　unsigued　　char

　　　　＃define　　uint　　unsigned　　iut

在系统编译时,遇到 uchar 自动替换为 unsigned char,遇到 uint 自动替换为 unsigned int。这样,可以简化源程序的编写。

2. 变量名

变量名是 C51 区分不同变量,为不同变量取的名称。在 C51 中规定变量名可以由字母、数字和下划线三种字符组成,且第一个字母必须为字母或下划线。变量名有两种:普通变量名和指针变量名。它们的区别是指针变量名前面要带"*"号。

3. 存储种类

存储种类是指变量在程序执行过程中的作用范围。C51 变量的存储种类有四种,分别是自动(auto)、外部(extern)、静态(static)和寄存器(register)。

(1) auto:使用 auto 定义的变量称为自动变量,其作用范围在定义它的函数体或复合语句内部,当定义它的函数体或复合语句执行时,C51 才为该变量分配内存空间,结束时占用的内存空间释放。自动变量一般分配在内存的堆栈空间中。定义变量时,如果省略存储种类,则该变量默认为自动(auto)变量。

(2) extern:使用 extern 定义的变量称为外部变量。在一个函数体内,要使用一个已在该函数体外或别的程序中定义过的外部变量时,该变量在该函数体内要用 extern 说明。外部变量被定义后分配固定的内存空间,在程序整个执行时间内都有效,直到程序结束才释放。

(3) static:使用 static 定义的变量称为静态变量。它又分为内部静态变量和外部静态变量。在函数体内部定义的静态变量为内部静态变量,它在对应的函数体内有效,一直存在,但在函数体外不可见,这样不仅使变量在定义它的函数体外被保护,还可以实现当离开函数时值不被改变。外部静态变量是在函数外部定义的静态变量。它在程序中一直存在,但在定义的范围之外是不可见的。如在多文件或多模块处理中,外部静态变量只在文件内部或模块内部有效。

(4) register:使用 register 定义的变量称为寄存器变量。它定义的变量存放在内部的寄存器中,处理速度快,但数少。C51 编译器编译时能自动识别程序中使用频率最高的变量,并自动将其作为寄存器变量,用户可以无需专门声明。

4. 存储器类型

存储器类型是用于指明变量所处的单片机的存储器区域情况。存储器类型与存储种类完全不同。C51 编译器能识别的存储器类型如表 3.3 所示。

表 3.3　C51 编译器能识别的存储器类型

存储器类型	描述
data	直接寻址的片内 RAM 低 128B,访问速度快
bdata	片内 RAM 的可位寻址区(20H~2FH),允许字节和位混合访问
idata	间接寻址访问的片内 RAM,允许访问全部片内 RAM
pdata	用 Ri 间接访问的片外 RAM 的低 256B
xdata	用 DPTR 间接访问的片外 RAM,允许访问全部 64K 片外 RAM
code	程序存储器 ROM 的 64K 空间

定义变量时也可以省略"存储器类型",省略时 C51 编译器将按编译模式默认存储器类型,具体编译模式的情况将在后面介绍。

【例 3-2】变量定义存储种类和存储器类型相关情况。

char data var1;　　//在片内 RAM 低 128B 定义用直接寻址方式访问的字符型变量 var1

int idata var2；　　//在片内 RAM 的 256B 定义用间接寻址方式访问的整型变量 var2

auto unsigned long data var3；　　/* 在片内 RAM 的 128B 定义用直接寻址方式访问的
自动无符号长整型变量 var3 */

extern float xdata var4；　　/* 在片外 RAM64KB 空间定义用间接寻址方式访问的外部
实型变量 var4 */

int code var5；　　　　　　//在 ROM 空间定义整型变量 var5

unsign char bdata var6；　　/* 在片内 RAM 位寻址区 20H～2FH 单元定义可字节处理
和位处理的无符号字符型变量 var6 */

5. 特殊功能寄存器变量

MCS-51 系列单片机片内有许多特殊功能寄存器,通过这些特殊功能寄存器可以控制 MCS-51 系列单片机的定时/计数器、串口、I/O 口及其它功能部件,每一个特殊功能寄存器在片内 RAM 中都对应于一个字节单元或两个字节单元。

在 C51 中,允许用户对这些特殊功能寄存器进行访问,访问时须通过 sfr 或 sfr16 类型说明符进行定义,定义时须指明它们所对应的片内 RAM 单元的地址。格式如下:

sfr 或 sfr16 特殊功能寄存器名＝地址;

sfr 用于对 MCS-51 单片机中单字节的特殊功能寄存器进行定义,sfr16 用于对双字节特殊功能寄存器进行定义。特殊功能寄存器名一般用大写字母表示。地址一般用直接地址形式,具体特殊功能寄存器地址见表 2.5。

【例 3-3】特殊功能寄存器的定义。

```
sfr     PSW=0xd0;
sfr     SCON=0x98;
sfr     TMOD=0x89;
sfr     P1=0x90;
sfr16   DPTR=0x82;
sfr16   T1=0x8A;
```

6. 位变量

在 C51 中,允许用户通过位类型符定义位变量。位类型符有两个:bit 和 sbit。可以定义两种位变量。

bit 位类型符用于定义一般的可位处理位变量。它的格式如下:

bit　　位变量名;

在格式中可以加上各种修饰,但注意存储器类型只能是 bdata、data、idata。只能是片内 RAM 的可位寻址区,严格来说只能是 bdata。

【例 3-4】bit 型变量的定义。

```
bit   data   a1;      //正确
bit   bdata  a2;      //正确
bit   pdata  a3;      //错误
bit   xdata  a4;      //错误
```

sbit 位类型符用于定义在可位寻址字节或特殊功能寄存器中的位,定义时须指明其位地

址,可以是位直接地址和可位寻址变量带位号,也可以是特殊功能寄存器名带位号。格式如下:

　　sbit　位变量名＝位地址;

　　如位地址为位直接地址,其取值范围为 0x00～0xff;如位地址是可位寻址变量带位号或特殊功能寄存器名带位号,则在它前面须对可位寻址变量或特殊功能寄存器进行定义。字节地址与位号之间、特殊功能寄存器与位号之间一般用"^"作间隔。

【例 3 - 5】 sbit 型变量的定义。

sbit OV＝0xd2;

sbit CY＝0xd7;

unsigned char bdata flag;

sbit　flag0＝flag^0;

sfr　　P1＝0x90;

sbit　P1_0＝P1^0;

sbit　P1_1＝P1^1;

sbit　P1_2＝P1^2;

sbit　P1_3＝P1^3;

sbit　P1_4＝P1^4;

sbit　P1_5＝P1^5;

sbit　P1_6＝P1^6;

sbit　P1_7＝P1^7;

　　在 C51 中,为了用户处理方便,C51 编译器对 MCS - 51 单片机的常用特殊功能寄存器和特殊位进行了定义,放在一个"reg51. h"的头文件中,当用户要使用时,只须在使用之前用一条预处理命令 ♯include ＜reg51. h＞把这个头文件包含到程序中,然后就可使用特殊功能寄存器名和特殊位名称。

3.3.3　存储模式

　　C51 编译器支持三种存储模式:small 模式、compact 模式和 large 模式。不同的存储模式对变量默认的存储器类型不同。

　　(1) small 模式。small 模式称为小编译模式,在 small 模式下,编译时,函数参数和变量被默认在片内 RAM 中,存储器类型为 data。

　　(2) compact 模式。compact 模式称为紧凑编译模式,在 compact 模式下,编译时,函数参数和变量被默认在片外 RAM 的低 256 字节空间,存储器类型为 pdata。

　　(3) large 模式。large 模式称为大编译模式,在 large 模式下,编译时,函数参数和变量被默认在片外 RAM 的 64K 字节空间,存储器类型为 xdata。

　　在程序中变量的存储模式的指定通过 ♯pragma 预处理命令来实现。函数的存储模式可通过在函数定义时后面带存储模式说明。如果没有指定,则系统都隐含为 small 模式。

【例 3 - 6】 变量的存储模式。

♯pragma small　　　　　　　　　　　　//变量的存储模式为 small

char k1;

```
int xdata m1;
#pragma compact                          //变量的存储模式为 compact
char k2;
int xdata m2;
int func1(int x1,int y1) large           //函数的存储模式为 large
{
    return(x1+y1);
}
int func2(int x2,int y2)                  //函数的存储模式隐含为 small
{
    return(x2-y2);
}
```

程序编译时,k1 变量存储器类型为 data,k2 变量存储器类型为 pdata,而 m1 和 m2 由于定义时带了存储器类型 xdata,因而它们为 xdata 型;函数 func1 的形参 x1 和 y1 的存储器类型为 xdata 型,而函数 func2 由于没有指明存储模式,隐含为 small 模式,形参 x2 和 y2 的存储器类型为 data。

3.3.4　绝对地址的访问

1. 使用 C51 运行库中预定义宏

C51 编译器提供了一组宏定义来对 51 系列单片机的 code、data、pdata 和 xdata 空间进行绝对寻址。规定只能以无符号数方式访问,宏定义如下:

```
#define   CBYTE   ((unsigned char volatile code *) 0)
#define   DBYTE   ((unsigned char volatile data *) 0)
#define   PBYTE   ((unsigned char volatile pdata *) 0)
#define   XBYTE   ((unsigned char volatile xdata *) 0)
#define   CWORD   ((unsigned int volatile code *) 0)
#define   DWORD   ((unsigned int volatile data *) 0)
#define   PWORD   ((unsigned int volatile pdata *) 0)
#define   XWORD   ((unsigned int volatile xdata *) 0)
```

这些函数原型放在 absacc.h 文件中。使用时须用预处理命令把该头文件包含到文件中,形式为 #include <absacc.h>。

其中:CBYTE 以字节形式对 code 区寻址,DBYTE 以字节形式对 data 区寻址,PBYTE 以字节形式对 pdata 区寻址,XBYTE 以字节形式对 xdata 区寻址,CWORD 以字形式对 code 区寻址,DWORD 以字形式对 data 区寻址,PWORD 以字形式对 pdata 区寻址,XWORD 以字形式对 xdata 区寻址。访问形式如下:

宏名[地址]

宏名为 CBYTE、DBYTE、PBYTE、XBYTE、CWORD、DWORD、PWORD 或 XWORD。地址为存储单元的绝对地址,一般用十六进制形式表示。

【例 3 - 7】 绝对地址对存储单元的访问

```
# include <absacc. h>          //将绝对地址头文件包含在文件中
# define uchar unsigned char   //定义符号 uchar 为数据类型符 unsigned char
# define uint unsigned int     //定义符号 uint 为数据类型符 unsigned int
void main(void)
{
    uchar var1;
    uint var2;
    var1=XBYTE[0x0005];        //XBYTE[0x0005]访问片外 RAM 的 0005 字节单元
    var2=XWORD[0x0002];        //XWORD[0x0002]访问片外 RAM 的 0002 字单元
    ⋮
    while(1);
}
```

在上面程序中,XBYTE[0x0005]就是以绝对地址方式访问的片外 RAM 的 0005 字节单元;XWORD[0x0002]就是以绝对地址方式访问的片外 RAM 的 0002 字单元。

2. 通过指针访问

采用指针的方法,可以实现在 C51 程序中对任意指定的存储器单元进行访问。

【例 3 - 8】 通过指针实现绝对地址的访问。

```
# define uchar unsigned char   //定义符号 uchar 为数据类型符 unsigned char
# define uint unsigned int     //定义符号 uint 为数据类型符 unsigned int
void func(void)
{
    uchar data var1;
    uchar pdata * dp1;         //定义一个指向 pdata 区的指针 dp1
    uint xdata * dp2;          //定义一个指向 xdata 区的指针 dp2
    uchar data * dp3;          //定义一个指向 data 区的指针 dp3
    dp1=0x30;                  //dp1 指针赋值,指向 pdata 区的 30H 单元
    dp2=0x1000;                //dp2 指针赋值,指向 xdata 区的 1000H 单元
    * dp1=0xff;                //将数据 0xff 送到片外 RAM 区的 30H 单元
    * dp2=0x1234;              //将数据 0x1234 送到片外 RAM 区的 1000H 单元
    dp3=&var1;                 //dp3 指针指向 data 区的 var1 变量
    * dp3=0x20;                //给变量 var1 赋值 0x20
}
```

3. 使用 C51 扩展关键字 _at_

使用 _at_ 对指定的存储器空间的绝对地址进行访问,一般格式如下:

[存储器类型] 数据类型说明符 变量名 _at_ 地址常数;

其中存储器类型可以是 data、bdata、idata、pdata 和 xdata 中的一种,如省略则按存储模式规定的默认存储器类型确定变量的存储器区域;数据类型为 C51 支持的数据类型。地址常数

用于指定变量的绝对地址,必须位于有效的存储器空间之内。使用_at_定义的变量必须为全局变量。

【例 3 - 9】通过_at_实现绝对地址的访问。

```
#define uchar unsigned char     //定义符号 uchar 为数据类型符 unsigned char
#define uint unsigned int       //定义符号 uint 为数据类型符 unsigned int
data uchar x1 _at_ 0x40;        //在 data 区中定义字节变量 x1,地址为 40H
xdata uint x2 _at_ 0x2000;      //在 xdata 区中定义字变量 x2,地址为 2000H
void main(void)
{
    x1=0xff;
    x2=0x1234;
     ⁝
    while(1);
}
```

3.4　C51 的运算符及表达式

3.4.1　赋值运算符

赋值运算符"＝",在 C51 中,它的功能是将一个数据的值赋给一个变量,如 x=10。利用赋值运算符将一个变量与一个表达式连接起来的式子称为赋值表达式,在赋值表达式的后面加一个分号";"就构成了赋值语句,一个赋值语句的格式如下:

变量＝表达式;

执行时先计算出右边表达式的值,然后赋给左边的变量。例如:

```
x=8+9;        //将 8+9 的值赋给变量 x
x=y=5;        //将常数 5 同时赋给变量 x 和 y
```

在 C51 中,允许在一个语句中同时给多个变量赋值,赋值顺序自右向左。

3.4.2　算术运算符

C51 中支持的算术运算符有:

＋：　　加或取正值运算符。

－：　　减或取负值运算符。

＊：　　乘运算符。

/：　　除运算符。

％：　　取余运算符。

＋＋：　增量运算符。

－－：　减量运算符。

加、减、乘运算相对比较简单,而对于除法运算,如相除的两个数为浮点数,则运算的结果也为浮点数,如相除的两个数为整数,则运算的结果也为整数,即为整除。如 25.0/20.0 结果为 1.25,而 25/20 结果为 1。

对于取余运算,则要求参加运算的两个数必须为整数,运算结果为它们的余数。例如:x =5%3,结果 x 的值为 2。

增量和减量是 C51 语言中特有的一种运算符,它们的作用分别是对运算对象作加 1 和减 1 运算。

3.4.3　关系运算符

C51 中有如下 6 种关系运算符:

> ：　　大于。

< ：　　小于。

>=：　　大于等于。

<=：　　小于等于。

= =：　　等于。

! =：　　不等于。

关系运算用于比较两个数的大小,用关系运算符将两个表达式连接起来形成的式子称为关系表达式。关系表达式通常用来作为判别条件构造分支或循环程序。关系表达式的一般形式如下:

表达式 1　关系运算符　表达式 2

关系运算的结果为逻辑量,成立为真(1),不成立为假(0)。其结果可以作为一个逻辑量参与逻辑运算。例如:5>3,结果为真(1),而 10= =100,结果为假(0)。

注意:关系运算符等于"= ="是由两个"="组成。

3.4.4　逻辑运算符

C51 有如下 3 种逻辑运算符:

||：　　逻辑或。

&&：　　逻辑与。

!：　　逻辑非。

关系运算符用于反映两个表达式之间的大小关系,逻辑运算符则用于求条件式的逻辑值,用逻辑运算符将关系表达式或逻辑量连接起来的式子就是逻辑表达式。

逻辑与的格式为:

条件式 1　&&　条件式 2

当条件式 1 与条件式 2 都为真时结果为真(非 0 值),否则为假(0 值)。

逻辑或的格式为:

条件式 1　||　条件式 2

当条件式 1 与条件式 2 都为假时结果为假(0 值),否则为真(非 0 值)。

逻辑非的格式为:

! 条件式

当条件式原来为真(非 0 值),逻辑非后结果为假(0 值)。当条件式原来为假(0 值),逻辑非后结果为真(非 0 值)。

例如:若 a＝8,b＝3,c＝0,则！a 为假,a ＆＆ b 为真,b ＆＆ c 为假。

3.4.5 位运算符

C51 语言能对运算对象按位进行操作,它与汇编语言使用一样方便。如果要求按位改变变量的值,则要利用相应的位运算。C51 中位运算符只能对整数进行操作,不能对浮点数进行操作。C51 中的位运算符有:

&：   按位与。

|：   按位或。

^：   按位异或。

~：   按位取反。

<<：   左移。

>>：   右移。

【例 3-10】设 a＝0x54＝01010100B,b＝0x3b＝00111011B,则 a＆b、a|b、a^b、~a、a<<2、b>>2 分别为多少?

a＆b＝00010000b＝0x10。

a|b＝01111111B＝0x7f。

a^b＝01101111B＝0x6f。

~a＝10101011B＝0xab。

a<<2＝01010000B＝0x50。

b>>2＝00001110B＝0x0e。

3.4.6 复合赋值运算符

C51 语言中支持在赋值运算符"＝"的前面加上其它运算符,组成复合赋值运算符。以下是 C51 中支持的复合赋值运算符:

＋=：   加法赋值。

－=：   减法赋值。

*=：   乘法赋值。

/=：   除法赋值。

%=：   取模赋值。

＆=：   按位与赋值。

|=：   按位或赋值。

^=：   按位异或赋值。

<<=：   左移位赋值。

>>=：   右移位赋值。

复合赋值运算的一般格式如下:

变量   复合运算赋值符   表达式

其处理过程是先把变量与后面的表达式进行某种运算,然后将运算的结果赋给前面的变量。实际上这是 C51 语言中简化程序的一种方法,大多数二目运算都可以用复合赋值运算符简化表示。例如:a＋＝6 相当于 a＝a＋6;a * ＝5 相当于 a＝a * 5;b＆＝0x55 相当于 b＝

b&0x55；x＞＞＝2相当于x＝x＞＞2。

3.4.7　逗号运算符

在C51语言中,逗号"，"是一个特殊的运算符,可以用它将两个或两个以上的表达式连接起来,称为逗号表达式。逗号表达式的一般格式为

表达式1,表达式2,…,表达式n

程序执行时对逗号表达式的处理:按从左至右的顺序依次计算出各个表达式的值,而整个逗号表达式的值是最右边的表达式(表达式n)的值。例如:x＝(a＝3,6＊3)结果x的值为18。

3.4.8　条件运算符

条件运算符"？:"是C51语言中唯一的一个三目运算符,它要求有三个运算对象,用它可以将三个表达式连接在一起构成一个条件表达式。条件表达式的一般格式为

逻辑表达式？表达式1:表达式2

其功能是先计算逻辑表达式的值,当逻辑表达式的值为真(非0值)时,将计算的表达式1的值作为整个条件表达式的值;当逻辑表达式的值为假(0值)时,将计算的表达式2的值作为整个条件表达式的值。例如:条件表达式max＝(a＞b)？a:b的执行结果是将a和b中较大的数赋值给变量max。

3.4.9　指针与地址运算符

指针是C51语言中的一个十分重要的概念,在C51的数据类型中专门有一种指针类型。指针为变量的访问提供了另一种方式,变量的指针就是该变量的地址,还可以定义一个专门指向某个变量的地址的指针变量。为了表示指针变量和它所指向的变量地址之间的关系,C51中提供了两个专门的运算符:

＊：　指针运算符。

&：　取地址运算符。

指针运算符"＊"放在指针变量前面,通过它实现访问以指针变量的内容为地址所指向的存储单元。例如:指针变量p中的地址为2000H,则＊p所访问的是地址为2000H的存储单元,x＝＊p实现把地址为2000H的存储单元的内容送给变量x。

取地址运算符"&"放在变量的前面,通过它取得变量的地址,变量的地址通常送给指针变量。例如:设变量x的内容为12H,地址为2000H,则&x的值为2000H,如有一指针变量p,则通常用p＝&x实现将x变量的地址送给指针变量p,指针变量p指向变量x,以后可以通过＊p访问变量x。

3.4.10　强制类型转换运算符

C51语言中的"（）"就是强制类型转换运算符,它的作用是将表达式或变量的类型强制转换成所指定的类型。强制类型转换运算符的一般使用形式为:

(类型)表达式

显式类型转换在给指针变量赋值时特别有用。例如,预先在8051单片机外部数据存储器(xdata)中定义了一个字符型指针变量px,如果想给这个指针变量赋一个初值0xB000,可以写

成 px＝(char xdata ＊)0xB000;这种方式特别适合于用标识符来存取绝对地址。

3.4.11　sizeof 运算符

C51 语言提供了一种用于求取数据类型、变量以及表达式的字节数的运算符:sizeof,该运算符的一般使用形式为:

sizeof(表达式)或 sizeof(数据类型)

应该注意的是,sizeof 是一种特殊的运算符,不要错误地认为它是一个函数。实际上,字节数的计算在程序编译时就完成了,而不是在程序执行的过程中才计算出来。

3.5　C51 程序基本结构

1. 顺序结构

顺序结构是最基本、最简单的结构,在这种结构中,程序由低地址到高地址依次执行,图3.1 给出了顺序结构流程图,程序先执行语句 A,然后再执行语句 B。

2. 选择结构

选择结构可使程序根据不同的情况,选择执行不同的分支,在选择结构中,程序先对一个条件进行判断。当条件成立,即条件语句为"真"时,执行一个分支;当条件不成立时,即条件语句为"假"时,执行另一个分支。如图 3.2 所示,当条件成立时,执行语句 A,当条件不成立时,执行语句 B。

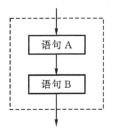

图 3.1　顺序结构流程图

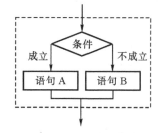

图 3.2　选择结构流程图

在 C51 中,实现选择结构的语句为 if/else,if/else if 语句。另外在 C51 中还支持多分支结构,多分支结构既可以通过 if 和 else if 语句嵌套实现,也可用 swith/case 语句实现。

3. 循环结构

在程序处理过程中,有时需要某一段程序重复执行多次,这时就需要循环结构来实现,循环结构就是能够使程序段重复执行的结构。循环结构又分为两种:当(while)型循环结构和直到(do…while)型循环结构。

(1) 当型循环结构

当型循环结构如图 3.3 所示,当条件成立(为"真")时,重复执行语句 A,当条件不成立(为"假")时才停止重复,执行后面的程序。

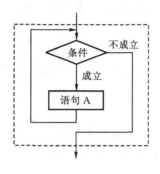

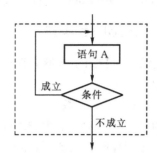

图 3.3 当型循环结构   图 3.4 直到型循环结构

(2) 直到型循环结构

直到型循环结构如图 3.4 所示,先执行语句 A,再判断条件,当条件成立(为"真")时,再重复执行语句 A,直到条件不成立(为"假")时才停止重复,执行后面的程序。

构成循环结构的语句主要有 while、do while、for、goto 等。

3.6 C51 的输入输出

在 C51 的一般 I/O 函数库中定义的 I/O 函数都是通过串行接口实现,在使用 I/O 函数之前,应先对 MCS - 51 单片机的串行接口进行初始化。选择串行口工作于方式 2(8 位自动重载方式),波特率由定时/计数器 1 溢出率决定。例如,设系统时钟为 12MHz,波特率为 2400,则初始化程序如下:

SCON=0x52;

TMOD=0X20;

TH1=0xf3;

TR1=1;

在 C51 语言中,它本身不提供输入和输出语句,输入和输出操作是由函数来实现的。在 C51 的标准函数库中提供了一个名为"stdio. h"的一般 I/O 函数库,库中定义了 C51 中的输入和输出函数。当对输入和输出函数使用时,须先用预处理命令"♯include ＜stdio. h＞"将该函数库包含到文件中。

3.6.1 格式输出函数 printf( )

printf( )函数的作用是通过串行接口输出若干任意类型的数据,它的格式如下:

printf(格式控制,输出参数表)

格式控制是用双引号括起来的字符串,也称转换控制字符串,它包括三种信息:格式说明符、普通字符和转义字符。

(1) "格式说明符"由"％"和格式字符组成,它的作用是将输出的数据转换为指定的格式输出,如％d、％f 等,它们的具体情况见表 3.4。

(2) "普通字符"按原样输出,用来输出某些提示信息。

(3) "转义字符"就是前面介绍的转义字符(表 3.2),用来输出特定的控制符,如输出转义字符\n 就是使输出换一行。

输出参数表是需要输出的一组数据,可以是表达式。

表 3.4　C51 中的 printf 函数的格式字符及功能

格式字符	数据类型	输出格式
d	int	带符号十进制数
u	int	无符号十进制数
o	int	无符号八进制数
x	int	无符号十六进制数,用"a~f"表示
x	int	无符号十六进制数,用"A~F"表示
f	float	带符号十进制数浮点数,形式为[－]dddd. dddd
e,E	float	带符号十进制数浮点数,形式为[－]d. ddddE±dd
g,G	float	自动选择 e 或 f 格式中更紧凑的一种输出格式
c	char	单个字符
s	指针	指向一个带结束符的字符串
p	指针	带存储器批示符和偏移量的指针,形式为 M:aaaa 其中,M 可分别为:C(code),D(data),I(idata),P(pdata) 如 M 为 a,则表示的是指针偏移量

3.6.2　格式输入函数 scanf()

scanf()函数的作用是通过串行接口实现数据输入,它的使用方法与 printf()类似,scanf()的格式如下:

scanf(格式控制,地址列表)

格式控制与 printf()函数的情况类似,也是用双引号括起来的一些字符,可以包括以下三种信息:空白字符、普通字符和格式说明。

(1)"空白字符"包含空格、制表符、换行符等,这些字符在输入时被忽略。

(2)"普通字符"是除了以百分号"％"开头的格式说明符外的所有非空白字符,在输入时要求原样输入。

(3)"格式说明"由百分号"％"和格式说明符组成,用于指明输入数据的格式,它的基本情况与 printf()相同,具体情况见表 3.5。

表 3.5　C51 中的 scanf 函数的格式字符及功能

格式字符	数据类型	输出格式
d	int 指针	带符号十进制数
u	int 指针	无符号十进制数
o	int 指针	无符号八进制数
x	int 指针	无符号十六进制数
f,e,E	float 指针	浮点数
c	char 指针	字符
s	string 指针	字符串

地址列表是由若干个地址组成,它可以是指针变量、取地址运算符"&"加变量(变量的地址)或字符串名(表示字符串的首地址)。

【例 3 - 11】 使用格式输入输出函数的例子。

```
#include <reg51.h>                     //包含特殊功能寄存器库
#include <stdio.h>                     //包含 I/O 函数库
void main(void)                        //主函数
{
    int x,y;                           //定义整型变量 x 和 y
    SCON=0x52;                         //串口初始化
    TMOD=0x20;
    TH1=0XF3;
    TR1=1;
    printf("input x,y:\n");            //输出提示信息
    scanf("%d%d",&x,&y);               //输入 x 和 y 的值
    printf("\n");                      //输出换行
    printf("%d+%d=%d",x,y,x+y);        //按十进制形式输出
    printf("\n");                      //输出换行
    printf("%xH+%xH=%XH",x,y,x+y);     //按十六进制形式输出
    while(1);                          //结束
}
```

3.7　C51 的基本语句

3.7.1　表达式语句

在表达式的后边加一个分号";"就构成了表达式语句,如:

a=++b*9;

x=8;y=7;

++k;

可以一行放一个表达式形成表达式语句,也可以一行放多个表达式形成表达式语句,这时每个表达式后面都必须带";"号,另外,还可以仅由一个分号";"占一行形成一个表达式语句,这种语句称为空语句。

空语句在程序设计中通常用于以下两种情况:

(1) 在程序中为有关语句提供标号,用以标记程序执行的位置。例如采用下面的语句可以构成一个循环。

repeat:;

　　　;

　　　goto repeat;

（2）在用 while 语句构成的循环语句后面加一个分号，形成一个不执行其它操作的空循环体。这种结构通常用于对某位进行判断，当不满足条件则等待，满足条件则执行。

【例 3 - 12】以下这段子程序用于读取 8051 单片机的串行口的数据，当没有接收到数据时，则等待；当接收到数据时，接收数据并返回，返回值为接收的数据。

```c
#include <reg51.h>
char getkey()
{
    char c;
    while(! RI);    /* 当接收中断标志位 RI 为 0 则等待,当接收中断标志位为 1 则结
                        束等待 */
    c=SBUF;
    RI=0;
    return(c);
}
```

3.7.2　复合语句

复合语句是由若干条语句组合而成的一种语句，在 C51 中，用一个大括号"{}"将若干条语句括在一起就形成了一个复合语句，复合语句最后不需要以分号";"结束，但它内部的各条语句仍需以分号";"结束。复合语句的一般形式为

```
{
    局部变量定义;
    语句 1;
    语句 2;
       ⋮
    语句 n;
}
```

复合语句在执行时，其中的各条单语句按顺序依次执行，整个复合语句在语法上等价于一条单语句，因此在 C51 中可以将复合语句视为一条单语句。通常复合语句出现在函数中，实际上，函数的执行部分（即函数体）就是一个复合语句。复合语句中的单语句一般是可执行语句，此外还可以是变量的定义语句（说明变量的数据类型）。在复合语句内部所定义的变量，称为该复合语句中的局部变量，它仅在当前这个复合语句中有效。利用复合语句将多条单语句组合在一起，以及在复合语句中进行局部变量定义是 C51 语言的一个重要特征。

3.7.3　if 语句

if 语句是 C51 中的一个基本条件选择语句，它通常有三种格式：

（1）if（表达式）{语句;}

（2）if（表达式）{语句 1;} else {语句 2;}

（3）if（表达式 1）{语句 1;}

　　　else if（表达式 2）{语句 2;}

　　else if（表达式 3）｛语句 3;｝

　　　　⋮

　　else if（表达式 n−1）｛语句 n−1;｝

　　else｛语句 n;｝

【例 3－13】 if 语句的用法。

（1）if（x！＝y）printf("x＝%d,y＝%d\n",x,y);

执行上面语句时，如果 x 不等于 y，则输出 x 的值和 y 的值。

（2）if（x＞y）max＝x;

　　　else max＝y;

执行上面语句时，如 x 大于 y 成立，则把 x 送给最大值变量 max，如 x 大于 y 不成立，则把 y 送给最大值变量 max。使 max 变量得到 x、y 中的大数。

（3）if（score＞＝90）printf("Your result is an A\n");

　　　else if（score＞＝80）printf("Your result is an B\n");

　　　else if（score＞＝70）printf("Your result is an C\n");

　　　else if（score＞＝60）printf("Your result is an D\n");

　　　else printf("Your result is an E\n");

执行上面语句后，能够根据分数 score 分别打出 A、B、C、D、E 五个等级。

3.7.4　开关语句

　　if 语句通过嵌套可以实现多分支结构，但结构复杂。switch 是 C51 中提供的专门处理多分支结构的多分支选择语句。它的格式如下：

```
switch（表达式）
{
    case 常量表达式 1:｛语句 1;｝break;
    case 常量表达式 2:｛语句 2;｝break;
        ⋮
    case 常量表达式 n:｛语句 n;｝break;
    default:｛语句 n+1;｝
}
```

说明如下：

（1）switch 后面括号内的表达式可以是整型或字符型表达式。

（2）当该表达式的值与某一 case 后面的常量表达式的值相等时，就执行该 case 后面的语句，然后遇到 break 语句退出 switch 语句。若表达式的值与所有 case 后的常量表达式的值都不相同，则执行 default 后面的语句，然后退出 switch 结构。

（3）每一个 case 常量表达式的值必须不同，否则会出现自相矛盾的现象。

（4）case 语句和 default 语句的出现次序对执行过程没有影响。

（5）每个 case 语句后面可以有 break，也可以没有。有 break 语句，执行到 break 则退出 switch 结构，若没有，则会顺次执行后面的语句，直到遇到 break 或结束。

（6）每一个 case 语句后面可以带一个语句，也可以带多个语句，还可以不带。语句可以用花括号括起，也可以不括。

（7）多个 case 可以共用一组执行语句。

【例 3 - 14】对学生成绩划分为 A～D，对应不同的百分制分数，要求根据不同的等级打印出它的对应百分数。可以通过下面的 switch/case 语句实现。

```
switch(grade)
{
    case 'A'：  printf("90～100\n"); break;
    case 'B'：  printf("80～90\n"); break;
    case 'C'：  printf("70～80\n"); break;
    case 'D'：  printf("60～70\n"); break;
    case 'E'：  printf("<60\n"); break;
    default：   printf("error"\n)
}
```

3.7.5　while 语句

while 语句在 C51 中用于实现当型循环结构，它的格式如下：

while(表达式)

{语句;}　　//循环体

while 语句后面的表达式是能否循环的条件，后面的语句是循环体。当表达式为非 0（真）时，就重复执行循环体内的语句；当表达式为 0（假），则中止 while 循环，程序将执行循环结构之外的下一条语句。它的特点是：先判断条件，后执行循环体。在循环体中对条件进行改变，然后再判断条件，如条件成立，则再执行循环体，如条件不成立，则退出循环。如条件第一次就不成立，则循环体一次也不执行。

【例 3 - 15】通过 while 语句实现计算并输出 1～100 的累加和。

```
#include <reg51.h>           //包含特殊功能寄存器库
#include <stdio.h>           //包含 I/O 函数库
void main(void)              //主函数
{
    int i,s=0;               //定义整型变量 i 和 s
    i=1;
    SCON=0x52;               //串口初始化
    TMOD=0x20;
    TH1=0XF3;
    TR1=1;
    while (i<=100)           //累加 1～100 之和在 s 中
    {
        s=s+i;
        i++;
    }
```

```
        printf("1+2+3+…+100=%d\n",s);
        while(1);
}
```

程序执行的结果：

1+2+3+…+100=5050

3.7.6　do while 语句

do while 语句在 C51 中用于实现直到型循环结构,它的格式如下:
do

　〔语句;〕　　//循环体

while(表达式);

它的特点是:先执行循环体中的语句,后判断表达式。如表达式成立(真),则再执行循环
体,然后又判断,直到有表达式不成立(假)时,退出循环,执行 do while 结构的下一条语句。
do while 语句在执行时,循环体内的语句至少会被执行一次。

【例 3－16】通过 do while 语句实现计算并输出 1～100 的累加和。

```
#include <reg51.h>              //包含特殊功能寄存器库
#include <stdio.h>              //包含 I/O 函数库
void main(void)                 //主函数
{
        int i,s=0;              //定义整型变量 i 和 s
        i=1;
        SCON=0x52;              //串口初始化
        TMOD=0x20;
        TH1=0XF3;
        TR1=1;
        do                      //累加 1～100 之和在 s 中
        {
          s=s+i;
          i++;
        }
        while (i<=100);
        printf("1+2+3+…+100=%d\n",s);
        while(1);
}
```

程序执行的结果：

1+2+3+…+100=5050

3.7.7　for 语句

在 C51 语言中,for 语句是使用最灵活、用得最多的循环控制语句,同时也最为复杂。它

可以用于循环次数已经确定的情况,也可以用于循环次数不确定的情况。它完全可以代替 while 语句,功能最强大。它的格式如下:

```
for(表达式 1;表达式 2;表达式 3)
    {语句;}    //循环体
```

for 语句后面带三个表达式,它的执行过程如下:

(1) 先求解表达式 1 的值。

(2) 求解表达式 2 的值,如表达式 2 的值为真,则执行循环体中的语句,然后执行下面第 (3)步的操作,如表达式 2 的值为假,则结束 for 循环,转到第(5)步。

(3) 求解表达式 3。

(4) 转到第(2)步继续执行。

(5) 退出 for 循环,执行 for 循环后面的一条语句。

在 for 循环中,一般表达式 1 为初值表达式,用于给循环变量赋初值;表达式 2 为条件表达式,对循环变量进行判断;表达式 3 为循环变量更新表达式,用于对循环变量的值进行更新,使循环变量能不满足条件而退出循环。

【例 3 – 17】用 for 语句实现计算并输出 1~100 的累加和。

```
#include <reg51.h>              //包含特殊功能寄存器库
#include <stdio.h>              //包含 I/O 函数库
void main(void)                 //主函数
{
    int i,s=0;                  //定义整型变量 i 和 s
    SCON=0x52;                  //串口初始化
    TMOD=0x20;
    TH1=0XF3;
    TR1=1;
    for (i=1;i<=100;i++) s=s+i; //累加 1~100 之和在 s 中
    printf("1+2+3+…+100=%d\n",s);
    while(1);
}
```

程序执行的结果:

1+2+3+…+100=5050

3.7.8　循环的嵌套

在一个循环的循环体中允许又包含一个完整的循环结构,这种结构称为循环的嵌套。外面的循环称为外循环,里面的循环称为内循环,如果在内循环的循环体内又包含循环结构,就构成了多重循环。

在 C51 中,允许三种循环结构相互嵌套。

【例 3 – 18】用嵌套结构构造一个延时程序。

```
void delay(unsigned int x)
{
```

```
        unsigned char j;
        while(x－－)
        {
            for (j=0;j<125;j++);
        }
    }
```

这里,用内循环构造一个基准的延时,调用时通过参数设置外循环的次数,这样就可以形成各种延时关系。

3.7.9　break 和 continue 语句

break 和 continue 语句通常用于循环结构中,用来跳出循环结构。但是二者又有所不同,下面分别介绍。

1. break 语句

前面已介绍过用 break 语句可以跳出 switch 结构,使程序继续执行 switch 结构后面的一个语句。使用 break 语句还可以从循环体中跳出循环,提前结束循环而接着执行循环结构下面的语句。它不能用在除了循环语句和 switch 语句之外的任何其它语句中。

【例 3 - 19】下面一段程序用于计算圆的面积,当计算到面积大于 100 时,由 break 语句跳出循环。

```
for (r=1;r<=10;r++)
{
    area=pi * r * r;
    if (area>100) break;
    printf("%f\n",area);
}
```

2. continue 语句

continue 语句用在循环结构中,用于结束本次循环,跳过循环体中 continue 下面尚未执行的语句,直接进行下一次是否执行循环的判定。

continue 语句和 break 语句的区别在于:continue 语句只是结束本次循环而不是终止整个循环;break 语句则是结束循环,不再进行条件判断。

【例 3 - 20】输出 100~200 间不能被 3 整除的数。

```
for (i=100;i<=200;i++)
{
    if (i%3= =0) continue;
    printf("%d ";i);
}
```

在程序中,当 i 能被 3 整除时,执行 continue 语句,结束本次循环,跳过 printf() 函数,只有不能被 3 整除时才执行 printf() 函数。

3.7.10　return 语句

return 语句一般放在函数的最后位置,用于终止函数的执行,并控制程序返回调用该函数时所处的位置。返回时还可以通过 return 语句带回返回值。return 语句有两种格式:

(1) return;

(2) return (表达式);

如果 return 语句后面带有表达式,则要计算表达式的值,并将表达式的值作为函数的返回值。若不带表达式,则函数返回时将返回一个不确定的值。通常我们用 return 语句把调用函数取得的值返回给主调用函数。

3.8　函数

3.8.1　函数的定义

函数定义的一般格式如下:

函数类型　函数名(形式参数表)　〔reentrant〕〔interrupt m〕〔using n〕

形式参数说明

{

　　局部变量定义

　　函数体

}

前面部分称为函数的首部,后面称为函数的尾部,格式说明如下:

1. 函数类型

函数类型说明了函数返回值的类型。

2. 函数名

函数名是用户为自定义函数取的名字以便调用函数时使用。

3. 形式参数表

形式参数表用于列出在主调函数与被调用函数之间进行数据传递的形式参数。

【例 3 - 21】定义一个返回两个整数的最大值的函数 max()。

```
int max(int x,int y)
{
    int z;
    z=x>y? x:y;
    return(z);
}
```

也可以写成如下形式:

```
int max(x,y)
int x,y;
```

```
{
    int z;
    z=x>y? x:y;
    return(z);
}
```

4. reentrant 修饰符

reentrant 修饰符用于把函数定义为可重入函数。所谓可重入函数就是允许被递归调用的函数。函数的递归调用是指当一个函数正被调用尚未返回时,又直接或间接调用函数本身。一般的函数不能做到这样,只有重入函数才允许递归调用。

关于重入函数,注意以下几点:

(1) 用 reentrant 修饰的重入函数被调用时,实参表内不允许使用 bit 类型的参数。函数体内也不允许存在任何关于位变量的操作,更不能返回 bit 类型的值。

(2) 编译时,系统为重入函数在内部或外部存储器中建立一个模拟堆栈区,称为重入栈。重入函数的局部变量及参数被放在重入栈中,使重入函数可以实现递归调用。

(3) 在参数的传递上,实际参数可以传递给间接调用的重入函数。无重入属性的间接调用函数不能包含调用参数,但是可以使用定义的全局变量来进行参数传递。

5. interrupt m 修饰符

interrupt m 是 C51 函数中非常重要的一个修饰符,这是因为中断函数必须通过它进行修饰。在 C51 程序设计中,当函数定义时用了 interrupt m 修饰符,系统编译时把对应函数转化为中断函数,自动加上程序头段和尾段,并按 MCS-51 系统中断的处理方式自动地把它安排在程序存储器中的相应位置。

在该修饰符中,m 的取值为 0～31,对应的中断情况如下:

0——外部中断 0。

1——定时/计数器 T0。

2——外部中断 1。

3——定时/计数器 T1。

4——串行口中断。

5——定时/计数器 T2。

其它值预留。

编写 MCS-51 中断函数注意如下:

(1) 中断函数不能进行参数传递,如果中断函数中包含任何参数声明都将导致编译出错。

(2) 中断函数没有返回值,如果企图定义一个返回值将得不到正确的结果,建议在定义中断函数时将其定义为 void 类型,以明确说明没有返回值。

(3) 在任何情况下都不能直接调用中断函数,否则会产生编译错误。因为中断函数的返回是由 8051 单片机的返回指令完成的,返回指令影响 8051 单片机的硬件中断系统。如果在没有实际中断情况下直接调用中断函数,返回指令的操作结果会产生一个致命的错误。

(4) 如果在中断函数中调用了其它函数,则被调用函数所使用的寄存器必须与中断函数相同。否则会产生不正确的结果。

（5）C51 编译器对中断函数编译时会自动在程序开始和结束处加上相应的内容：在程序开始处对 ACC、B、DPH、DPL 和 PSW 入栈，结束时出栈。中断函数未加 using n 修饰符的，则由程序保护 R0～R1。如中断函数加 using n 修饰符，中断响应后，由编译系统自动增加工作寄存器区选择位。

（6）C51 编译器从绝对地址 8m＋3 处产生一个中断向量，其中 m 为中断号，也即 interrupt 后面的数字。该向量包含一个到中断函数入口地址的绝对跳转。

（7）中断函数最好写在文件的尾部，并且禁止使用 extern 存储类型说明。防止其它程序调用。

6. using n 修饰符

修饰符 using n 用于指定本函数内部使用的工作寄存器区，其中 n 的取值为 0～3，表示寄存器区号。

对于 using n 修饰符的使用，注意以下几点：

（1）加入 using n 后，C51 在编译时自动地在函数的开始处保护 PSW，然后根据 n 设置寄存器区，在程序结束处恢复 PSW。

（2）using n 修饰符不能用于有返回值的函数，因为 C51 函数的返回值是放在寄存器中的。如寄存器区改变了，返回值就会出错。

【例 3－22】编写一个用于统计外中断 0 的中断次数的中断服务程序

```
extern int x;
void int0( ) interrupt 0 using 1
{
    x++;
}
```

3.8.2　函数的调用与声明

1. 函数的调用

函数调用的一般形式如下：

函数名(实参列表)；

对于有参数的函数调用，若实参列表包含多个实参，则各个实参之间用逗号隔开。

按照函数调用在主调函数中出现的位置，函数调用方式有以下三种：

（1）函数语句。把被调用函数作为主调用函数的一个语句。

（2）函数表达式。函数被放在一个表达式中，以一个运算对象的方式出现。这时的被调用函数要求带有返回语句，以返回一个明确的数值参加表达式的运算。

（3）函数参数。被调用函数作为另一个函数的参数。

2. 自定义函数的声明

在 C51 中，函数原型一般形式如下：

［extern］　函数类型　函数名(形式参数表)；

函数的声明是把函数的名字、类型以及形参的类型、个数和顺序通知编译系统，以便调用函数时系统进行对照检查。函数的声明后面要加分号。

　　如果声明的函数在文件内部,则声明时不用 extern,如果声明的函数不在文件内部,而在另一个文件中,声明时须带 extern,指明使用的函数在另一个文件中。

【例 3－23】 函数的使用。

```
# include <.reg51. h>              //包含特殊功能寄存器库
# include <stdio. h>               //包含 I/O 函数库
int max(int x,int y);              //对 max 函数进行声明
void main(void)                    //主函数
{
    int a,b;
    SCON＝0x52;                    //串口初始化
    TMOD＝0x20;
    TH1＝0XF3;
    TR1＝1;
    scanf("please input a,b:%d,%d",&a,&b);
    printf("\n");
    printf("max is:%d\n",max(a,b));
    while(1);
}
int max(int x,int y)
{
    int z;
    z＝(x>＝y? x:y);
    return(z);
}
```

【例 3－24】 外部函数的使用。

程序 serial_initial. c

```
# include <reg51. h>               //包含特殊功能寄存器库
# include <stdio. h>               //包含 I/O 函数库
void serial_initial(void)          //主函数
{
    SCON＝0x52;                    //串口初始化
    TMOD＝0x20;
    TH1＝0XF3;
    TR1＝1;
}
```

程序 y1. c

```
# include <reg51. h>               //包含特殊功能寄存器库
# include <stdio. h>               //包含 I/O 函数库
extern serial_initial();
```

```
void main(void)
{
    int a,b;
    serial_initial();
    scanf("please input a,b:%d,%d",&a,&b);
    printf("\n");
    printf("max is:%d\n",a>=b? a:b);
    while(1);
}
```

3.8.3　函数的嵌套与递归

1. 函数的嵌套

在一个函数的调用过程中调用另一个函数。C51 编译器通常依靠堆栈来进行参数传递，堆栈设在片内 RAM 中，而片内 RAM 的空间有限，因而嵌套的深度有限，一般在几层以内。如果层数过多，就会导致堆栈空间不够而出错。

【例 3-25】函数的嵌套调用。

```
#include <reg51.h>              //包含特殊功能寄存器库
#include <stdio.h>              //包含 I/O 函数库
extern serial_initial();
int max(int a,int b)
{
    int z;
    z=a>=b? a:b;
    return(z);
}
int add(int c,int d,int e,int f)
{
    int result;
    result=max(c,d)+max(e,f);  //调用函数 max
    return(result);
}
main()
{
    int final;
    serial_initial();
    final=add(7,5,2,8);
    printf("%d",final);
    while(1);
}
```

2. 函数的递归

递归调用是嵌套调用的一个特殊情况。如果在调用一个函数过程中又出现了直接或间接调用该函数本身,则称为函数的递归调用。

在函数的递归调用中要避免出现无终止的自身调用,应通过条件控制结束递归调用,使得递归的次数有限。

下面是一个利用递归调用求 n! 的例子。

【例 3 - 26】 递归求数的阶乘 n!。

在数学计算中,一个数 n 的阶乘等于 n 乘以 n−1 的阶乘,即 n! ＝n×(n−1)!,用 n−1 的阶乘来表示 n 的阶乘就是一种递归表示方法。在程序设计中通过函数递归调用来实现。

程序如下:

```c
#include <reg51.h>        //包含特殊功能寄存器库
#include <stdio.h>        //包含I/O函数库
extern serial_initial();
int fac(int n) reentrant
{
    int result;
    if (n= =0)
        result=1;
    else
        result=n * fac(n-1);
    return(result);
}
main()
{
    int fac_result;
    serial_initial();
    fac_result=fac(11);
    printf("%d\n",fac_result);
}
```

3.9　C51 的构造数据类型

3.9.1　数组

1. 一维数组

一维数组只有一个下标,定义的形式如下:

数据类型说明符　数组名[常量表达式][＝{初值,初值,…}]

各部分说明如下:

(1)"数据类型说明符"说明了数组中各个元素存储的数据的类型。

（2）"数组名"是整个数组的标识符，它的取名方法与变量的取名方法相同。

（3）"常量表达式"，常量表达式要求取值要为整型常量，必须用方括号"[ ]"括起来。用于说明该数组的长度，即该数组元素的个数。

（4）"初值部分"用于给数组元素赋初值，这部分在数组定义时属于可选项。对数组元素赋值，可以在定义时赋值，也可以定义之后赋值。在定义时赋值，后面须带等号，初值须用花括号括起来，括号内的初值两两之间用逗号间隔，可以对数组的全部元素赋值，也可以只对部分元素赋值。初值为 0 的元素可以只用逗号占位而不写初值 0。

例如：下面是定义数组的两个例子。

unsigned char x[5]；

unsigned int y[3]＝{1,2,3}；

第一句定义了一个无符号字符数组，数组名为 x，数组中的元素个数为 5。

第二句定义了一个无符号整型数组，数组名为 y，数组中元素个数为 3，定义的同时给数组中的三个元素赋初值，初值分别为 1、2、3。

需要注意的是，C51 语言中数组的下标是从 0 开始的，因此上面第一句定义的 5 个元素分别是：x[0]、x[1]、x[2]、x[3]、x[4]。第二句定义的 3 个元素分别是：y[0]、y[1]、y[2]。赋值情况为：y[0]＝1；y[1]＝2；y[2]＝3。

C51 规定在引用数组时，只能逐个引用数组中的各个元素，而不能一次引用整个数组。但如果是字符数组则可以一次引用整个数组。

【例 3 - 27】用数组计算并输出 Fibonacci 数列的前 20 项。

Fibonacci 数列在数学和计算机算法中十分有用。Fibonacci 数列是这样的一组数：第一个数字为 0，第二个数字为 1，之后每一个数字都是前两个数字之和。设计时通过数组存放 Fibonacci 数列，从第三项开始可通过累加的方法计算得到。

程序如下：

```c
#include <reg51.h>    //包含特殊功能寄存器库
#include <stdio.h>    //包含I/O函数库
extern serial_initial();
main()
{
    int fib[20],i;
    fib[0]=0;
    fib[1]=1;
    serial_initial();
    for (i=2;i<20;i++) fib[i]=fib[i-2]+fib[i-1];
    for (i=0;i<20;i++)
    {
        if (i%5==0) printf("\n");
        printf("%6d",fib[i]);
    }
    while(1);
```

```
}
```
程序执行结果：

0	1	1	2	3
5	8	13	21	34
55	89	144	233	377
610	987	1597	2584	4148

2. 字符数组

用来存放字符数据的数组称为字符数组，它是 C51 语言中常用的一种数组。字符数组中的每一个元素都用来存放一个字符，也可用字符数组来存放字符串。字符数组的定义与一般数组相同，只是在定义时把数据类型定义为 char 型。

例如：char string1[10];

　　　char string2[20];

上面定义了两个字符数组中，分别定义了 10 个元素和 20 个元素。

在 C51 语言中，字符数组用于存放一组字符或字符串，字符串以"\0"作为结束符，只存放一般字符的字符数组的赋值与使用和一般的数组完全相同。对于存放字符串的字符数组，既可以对字符数组的元素逐个进行访问，也可以对整个数组按字符串的方式进行处理。

【例 3 - 28】对字符数组进行输入和输出。

```c
#include <reg51.h>      //包含特殊功能寄存器库
#include <stdio.h>      //包含 I/O 函数库
extern serial_initial();
main()
{
    char string[20];
    serial_initial();
    printf("please type any character:");
    scanf("%s",string);
    printf("%s\n",string);
    while(1);
}
```

【例 3 - 29】将数字 number 拆成两个 ASCII 码，并存入 Result 数组。

```c
//定义十六进制数的 ASCII 码表
code unsigned char ASCIITable[16]="0123456789ABCDEF";
void main()
{
  unsigned char Result[2];
  unsigned char Number;
  Number = 0x1a;
  Result[0] = ASCIITable[Number / 16];      // 高四位
  Result[1] = ASCIITable[Number & 0xf];     // 低四位
```

```
}
```

【例 3 - 30】将 number 拆成三个 BCD 码,并存入 Result 数组。

```
void main()
{
    unsigned char Result[3];
    unsigned char Number;
    Number = 123;
    Result[0] = Number / 100;
    Result[1] = (Number % 100) / 10;
    Result[2] = Number % 10;
}
```

3. 利用数组访问实际存储单元

数组是存放在连续存贮单元中的数据,在 C51 中,可以通过访问数组实现对实际存储单元的操作。

【例 3 - 31】利用 while 循环将外部数据存贮器自 3000H 开始的 256 个单元清零。

下面程序定义后存贮在外部数据存贮器数组 Buffer,数组起始地址为 3000H。

```
xdata unsigned char Buffer[256] _at_ 0x3000;
void main()
{
    unsigned int i=0;
    while  (i <= 255)
    {   Buffer[i] = 0;
        i++;
    }
}
```

【例 3 - 32】利用 do while 循环将内部数据存储器自 30H 开始的 10 个单元内容清零。

下面程序定义存储在内部数据存储器数组 Buffer,数组起始地址为 30H。

```
data unsigned char Buffer[10] _at_ 0x30;
void main()
{
    unsigned int i=0;
    do
    {   Buffer[i] = 0;
        i++;
    }
    while  (i<=9);
}
```

【例 3 - 33】利用 for 循环将内部数据存储器自 30H 开始的 50 个单元的内容移动到外部数据存储器自 4000H 开始的 50 个单元。

下面程序定义存储在内部数据存储器数组 Buffer1,数组起始地址为 30H,和存储在外部数据存储器数组 Buffer2,数组起始地址为 4000H。

```
data unsigned char Buffer1[50] _at_ 0x30;
xdata unsigned char Buffer2[50] _at_ 0x4000;
void main()
{
    unsigned int i;
        for(i=0; i <= 50;i++)
        Buffer2[i] = Buffer1[i];
}
```

3.9.2 指针

指针是 C51 语言中的一个重要概念。指针类型数据在 C51 语言程序中使用十分普遍,正确地使用指针类型数据,可以有效地表示复杂的数据结构,也可以动态地分配存储器,直接处理内存地址。

1. 指针的概念

在 C51 语言中,可以通过地址方式来访问内存单元的数据,但 C51 作为一种高级程序设计语言,数据通常是以变量的形式进行存放和访问的。对于变量,在一个程序中定义了一个变量,编译器在编译时就在内存中给这个变量分配一定的字节单元进行存储。如对整型变量(int)分配 2 个字节单元,对于浮点型变量(float)分配 4 个字节单元,对于字符型变量分配 1 个字节单元等。变量在使用时应分清两个概念:变量名和变量的值。前一个是数据的标识,后一个是数据的内容。变量名相当于内存单元的地址,变量的值相当于内存单元的内容。对于变量的访问有两种方式:直接访问方式和间接访问方式。

(1) 直接访问方式。对于变量的访问,我们大多数时候是直接给出变量名。例如:printf("%d",a),直接给出变量 a 的变量名来输出变量 a 的内容。在执行时,根据变量名得到内存单元的地址,然后从内存单元中取出数据按指定的格式输出。这就是直接访问方式。

(2) 间接访问方式。例如要存取变量 a 中的值时,可以先将变量 a 的地址放在另一个变量 b 中,访问时先找到变量 b,从变量 b 中取出变量 a 的地址,然后根据这个地址从内存单元中取出变量 a 的值。这就是间接访问。在这里,从变量 b 中取出的不是所访问的数据,而是访问的数据(变量 a 的值)的地址,这就是指针,变量 b 称为指针变量。

关于指针,注意两个基本概念:变量的指针和指向变量的指针变量。变量的指针就是变量的地址。对于变量 a,如果它所对应的内存单元地址为 2000H,它的指针就是 2000H。指针变量是指一个专门用来存放另一个变量地址的变量,它的值是指针。上面变量 b 中存放的是变量 a 的地址,变量 b 的值是变量 a 的指针,变量 b 就是一个指向变量 a 的指针变量。

如上所述,指针实质上就是各种数据在内存单元的地址,在 C51 语言中,不仅有指向一般类型变量的指针,还有指向各种组合类型变量的指针。在本书中我们只讨论指向一般变量的指针的定义与引用,对于指向组合类型的指针,大家可以参考其它书籍学习它的使用。

2. 指针变量的定义

指针变量的定义与一般变量的定义类似,定义的一般形式为:

数据类型说明符　［存储器类型］　＊指针变量名;

其中:

"数据类型说明符"说明了该指针变量所指向的变量的类型。

"存储器类型"是可选项,它是 C51 编译器的一种扩展,如果带有此选项,指针被定义为基于存储器的指针。无此选项时,则被定义为一般指针。

下面是几个指针变量定义的例子:

```
int * p1;            //定义一个指向整型变量的指针变量 p1
char * p2;           //定义一个指向字符变量的指针变量 p2
char data * p3;      /* 定义一个指向字符变量的指针变量 p3,该指针访问的数据在
                        片内数据存储器中,该指针在内存中占一个字节 */
float xdata * p4;    /* 定义一个指向字符变量的指针变量 p4,该指针访问的数据在
                        片外数据存储器中,该指针在内存中占两个字节 */
```

3. 指针变量的引用

指针变量是存放另一变量地址的特殊变量,指针变量只能存放地址。指针变量使用时注意两个运算符:& 和 *。这两个运算符在前面已经介绍,其中"&"是取地址运算符,"*"是指针运算符。通过"&"取地址运算符可以把一个变量的地址送给指针变量,使指针变量指向该变量;通过"*"指针运算符可以实现通过指针变量访问它所指向的变量的值。

指针变量经过定义之后可以像其它基本类型变量一样引用。例如:

```
int x, * px, * py;    //变量及指针变量定义
px=&x;                //将变量 x 的地址赋给指针变量 px,使 px 指向变量 x
* px=5;               //等价于 x=5
py=px;                /* 将指针变量 px 中的地址赋给指针变量 py,使指针变量 py
                         也指向 x */
```

【例 3-34】输入两个整数 x 与 y,经比较后按大小顺序输出。

程序如下:

```
#include <reg51.h>    //包含特殊功能寄存器库
#include <stdio.h>    //包含 I/O 函数库
extern serial_initial();
main()
{
    int x,y;
    int * p, * p1, * p2;
    serial_initial();
    printf("input x and y:\n");
    scanf("%d%d",&x,&y);
    p1=&x;p2=&y;
    if (x<y) {p=p1;p1=p2;p2=p;}
```

```
    printf("max=%d,min=%d\n", * p1, * p2);
    while(1);
}
```

程序执行结果：

```
input  x  and  y:
4  8
max=8,min=4
```

4.利用指针访问实际存储单元

指针是指向存储单元的地址,在C51中,可以通过指针变量实现对实际存储单元的操作。下边例题是利用指针和数组相结合的方法来完成例3-31~例3-33的功能。

【例3-35】利用while循环将外部数据存储器自3000H开始的256个单元内容清零。

```
xdata unsigned char Buffer[256] _at_ 0x3000;  //定义外部数据存储器
void main()
{
    unsigned int index;
    unsigned char xdata * ptr;
    ptr = &Buffer;
    index = 0;
    while  (index <= 255)
    {   * ptr++ = 0;
        index++;
    }
}
```

【例3-36】利用do while循环将内部数据存储器自30H开始的10个单元内容清零。

```
data unsigned char Buffer[10] _at_ 0x30;  //定义内部数据存储器
void main()
{
    unsigned int index;
    unsigned char data * ptr;
    ptr = &Buffer;
    index = 0;
do
    {   * ptr++ = 0;
        index++;
    }
    while  (index <= 9);
}
```

【例3-37】用for循环将内部数据存储器自30H开始的50个单元的内容移动到外部数据存储器自4000H开始的50个单元。

```
     data unsigned char Buffer150] _at_ 0x30;
     xdata unsigned char Buffer2[50] _at_ 0x4000;
void main()
{
    unsigned int index;
    unsigned char xdata * ptr1;
    unsigned char xdata * ptr2;
    ptr1 = &Buffer1;
    ptr2 = &Buffer2;
    for (index=0; index <=50; index++)
    {
    * ptr2++ = * ptr1++;
    }
}
```

3.9.3　结构体

结构体是一种组合数据类型,它是将若干个不同类型的变量结合在一起而形成的一种数据的集合体。组成该集合体的各个变量称为结构体元素或成员。整个集合体使用一个单独的结构体变量名。

1. 结构体与结构体变量的定义

结构体与结构体变量是两个不同的概念,结构体是一种组合数据类型,结构体变量是取值为结构体这种组合数据类型的变量,相当于整型数据类型与整型变量的关系。对于结构体与结构体变量的定义有两种方法。

(1) 先定义结构体类型再定义结构体变量。结构体的定义形式如下:

struct　结构体名

〈结构体元素表〉;

结构体变量的定义如下:

struct　结构体名　结构体变量名 1,结体构变量名 2,…;

其中"结构体元素表"为结构体中的各个成员,它可以由不同的数据类型组成。在定义时须指明各个成员的数据类型。例如,定义一个日期结构类型 date,它由三个结构体元素 year、month、day 组成,定义结构体变量 d1 和 d2,定义如下:

struct date

{

　　int year;

　　char month,day;

};

struct date d1,d2;

(2) 定义结构体类型的同时定义结构体变量名。这种方法是将两个步骤合在一起,格式如下:

struct　结构体名

｛结构体元素表｝结构体变量名 1,结构体变量名 2,…;

例如对于上面的日期结构体变量 d1 和 d2 可以按以下格式定义:

```
struct   date                         或   struct
{                                          {
    int year;                                  int year;
    char month,day;                            char month,day;
}d1,d2;                                    }d1,d2;
```

对于结构体的定义说明如下:

(1) 结构体中的成员可以是基本数据类型,也可以是指针或数组,还可以是另一结构体类型变量,形成结构体的结构体,即结构体的嵌套。结构体的嵌套可以是多层次的,但这种嵌套不能包含其自己。

(2) 定义的一个结构体是一个相对独立的集合体,结构体中的元素只在该结构体中起作用,因而一个结构体中的结构体元素的名字可以与程序中的其它变量的名称相同,它们两者代表不同的对象,在使用时互相不影响。

(3) 结构体变量在定义时也可以像其它变量一样在定义时加各种修饰符对它进行说明。

(4) 在 C51 中允许将具有相同结构体类型的一组结构体变量定义成结构体数组,定义时与一般数组的定义相同,结构体数组与一般变量数组的不同就在于结构体数组的每一个元素都是具有同一结构体的结构体变量。

2. 结构体变量的引用

结构体元素的引用一般格式如下:

结构体变量名.结构体元素名

或

结构体变量名－＞结构体元素名

其中,“.”是结构体的成员运算符,例如:d1. year 表示结构体变量 d1 中的元素 year,d2. day 表示结构体变量 d2 中的元素 day 等。如果一个结构体变量中结构体元素又是另一个结构体变量,即结构体的嵌套,则需要用到若干个成员运算符,一级一级找到最低一级的结构体元素,而且只能对这个最低级的结构体元素进行引用,形如 d1. time. hour 的形式。

【例 3-38】 输入 3 个学生的语文、数学、英语的成绩,分别统计他们的总成绩并输出。

程序如下:

```
#include <reg51. h>      //包含特殊功能寄存器库
#include <stdio. h>      //包含 I/O 函数库
extern serial_initial();
struct student
{
unsigned char name[10];
unsigned int chinese;
unsigned int math;
unsigned int english;
```

```
unsigned int total;
}p1[3];
main()
{
    unsigned char i;
    serial_initial();
    printf("input 3 studend name and result:\n");
    for (i=0;i<3;i++)
    {
        printf("input name:\n");
        scanf("%s",p1[i]. name);
        printf("input result:\n");
        scanf("%d,%d,%d",&p1[i]. chinese,&p1[i]. math,&p1[i]. english);
    }
    for (i=0;i<3;i++)
    {
        p1[i]. total=p1[i]. chinese+p1[i]. math+p1[i]. english;
    }
    for (i=0;i<3;i++)
    {
        printf("%s total is %d",p1[i]. name,p1[i]. total);
        printf("\n");
    }
    while(1);
}
```

程序执行结果：

```
input 3 studend name and result:
input name:
wang
input result:
76,87,69
input name:
yang
input result:
75,77,89
input name:
zhang
input result:
72,81,79
```

wang total is 232

yang total is 241

zhang total is 232

3.9.4 共用体

前面介绍的结构体能够把不同类型的数据组合在一起使用,另外,在C51语言中,还提供一种组合类型——共用体,也能把不同类型的数据组合在一起使用,但它与结构体又不一样,结构体中定义的各个变量在内存中占用不同的内存单元,在位置上是分开的,而共用体中定义的各个变量在内存中都是从同一个地址开始存放,即采用了所谓的"覆盖技术"。这种技术可使不同的变量使用同一内存空间,提高内存的利用效率。

1. 共用体的定义

(1) 先定义共用体类型再定义共用体变量。定义共用体类型格式如下:

union 共用体类型名

{成员列表};

定义共用体变量格式如下:

union 共用体类型名 变量列表;

例如:

union data

{

    float i;

    int j;

    char k;

};

union data a,b,c;

(2) 定义共用体类型的同时定义共用体变量。格式如下:

union 共用体类型名

{成员列表}变量列表;

例如:

```
union data                          或    union
{                                             {
    float i;                                      float i;
    int j;                                        int j;
    char k;                                       char k;
} a,b,c;                                      } a,b,c;
```

可以看出,定义时,结构体与共用体的区别只是将关键字由 struct 换成 union,但在内存的分配上两者完全不同。结构体变量占用的内存长度是其中各个元素所占用的内存长度的总和;而共用体变量所占用的内存长度是其中各元素的长度的最大值。结构体变量中的各个元素可以同时进行访问,共用体变量中的各个元素在一个时刻只能对一个元素进行访问。

2. 共用体变量的引用

共用体变量中元素的引用与结构体变量中元素的引用格式相同,形式如下:

共用体变量名. 共用体元素

或

共用体变量名－＞共用体元素

例如:对于前面定义的共用体变量 a、b、c 中的元素可以通过下面形式引用:

a. i;

b. j;

c. k;

上式分别引用共用体变量 a 中的 float 型元素 i,共用体变量 b 中的 int 型元素 j,共用体变量 c 中的 char 型元素 k,可以用这样的引用形式给共用体变量元素赋值、存取和运算。在使用过程中注意,尽管共用体变量中的各元素在内存中的起始地址相同,但它们的数据类型不一样,在使用时必须按相应的数据类型进行运算。

【例 3 - 39】利用共用体类型把某一地址开始的两个单元分别按字方式和两个字节方式使用。

```
#include <reg51.h>    //包含特殊功能寄存器库
union
{
    unsigned int word;
    struct
      {
        unsigned char high;
        unsigned char low;
      } bytes;
}count_times;
```

这样定义后,对于 count_times 共用体变量对应的两个字节而言,如果用 count_times. word,则按字方式访问,如用 count_times. bytes. high 和 count_times. bytes. low,则按高字节和低字节方式访问,即增加了访问的灵活性。

3.9.5　枚举

在 C51 语言中,用作标志的变量通常只能被赋予如下两个值中的一个:True(1)或 False(0)。但在编程中常常会将作为标志使用的变量赋予除了 True(1)或 False(0)以外的值。另外,标志变量通常被定义为 int 数据类型,在程序使用中的作用往往会模糊不清。为了避免这种情况,在 C51 语言中提供枚举类型处理这种情况。

枚举数据类型是一个有名字的某些整型常量的集合。这些整型常量是该类型变量可取的所有的合法值。枚举定义时应当列出该类型变量的所有可取值。

枚举定义的格式与结构体和共用体基本相同,也有两种方法:

(1)先定义枚举类型,再定义枚举变量,格式如下:

　　enum　枚举名　{枚举值列表};

　　enum　枚举名　枚举变量列表;

　　(2) 在定义枚举类型的同时定义枚举变量,格式如下:

　　enum　枚举名　{枚举值列表}枚举变量列表;

　　例如:定义一个取值为星期几的枚举变量 wd。

　　enum week {Sun,Mon,Tue,Wed,Thu,Fri,Sat};

　　enum week wd;

或

　　enum week {Sun,Mon,Tue,Wed,Thu,Fri,Sat} wd;

以后就可以把枚举值列表中的各个值赋值给枚举变量 wd 进行使用了。

3.10　预处理命令

1. 宏定义

　　宏定义命令为 #define,它的作用是用一个标识符代表一个字符串,而这个字符串既可以是常数,也可以是其它任何字符串,甚至还可以是带参数的宏。宏定义的简单形式是符号常量定义,复杂形式是带参数的宏定义。

　　不带参数的宏定义又称符号常量定义。一般格式为:

　　#define　标识符　常量表达式

　　其中,"标识符"是所定义的宏符号名(也称宏名)。它的作用是在程序中使用所指定的标识符来代替所指定的常量表达式。例如:#define NaN 0xffffff 就是用 NaN 这个符号来代替常数 0xffffff。使用了这个宏定义之后,程序中就不必每次都写出常数 0xffffff,而可以用符号 NaN 来代替。在编译时,编译器会自动将程序中所有的符号名 NaN 都替换成常数 0xffffff。这种方法使得可以在 C 语言源程序中用一个简单的符号名来替换一个很长的字符串。还可以使用一些有一定意义的标识符,提高程序的可读性。例如,在程序中使用了如下的宏定义:

　　#define NaN 0xffffff　　　　　　　//定义非正常数出错条件

　　#define minusINF 0x000080　　　// 定义负无穷出错条件

　　采用这些定义可以使人对程序中这些常数的意义一目了然,有助于构造程序和整理程序文本。通常程序中的所有的符号定义都集中放在程序的开始处,便于检查和修改,提高程序的可靠性。另外如果需要修改程序中的某个常量,可以不必修改整个程序,而只要修改相应的符号常量定义行即可。

2. 文件包含

　　文件包含是指一个程序文件将另一个指定文件的全部内容包含进来。我们在前面的例子中已经多次使用过文件包含命令 #include<stdio.h>,就是将 C51 编译器提供的输入输出库函数的说明文件 stdio.h 包含到自己的程序中去。文件包含命令的一般格式为:

　　#include<文件名> 或 #include"文件名"

　　文件包含命令 #include 的功能是用指定文件的全部内容替换该预处理行。在进行较大规模程序设计时,文件包含命令是十分有用的。为了适应模块化编程的需要,可以将组成 C51 语言程序的各个功能函数分散到多个程序文件中,分别由若干人员完成编程,最后再用 #includc 命令将它们嵌入到一个总的程序文件中去。需要注意的是,一个 #include 命令只能指定一个被包含文件,如果程序中需要包含多个文件则需要使用多个包含命令。还可以将一些常用的符号常量、带参数的宏以及构造类型的变量等定义在一个独立的文件中,当某个程序需要时可将文包含进来。这样做可以减少重复劳动,提高程序的编制效率。

3. 条件编译

一般情况下对 C51 语言程序进行编译时所有的程序行都参加编译,但有时希望对其中一部分内容只在满足一定条件时才进行编译,这就是所谓的条件编译。条件编译可以选择不同的编译范围,从而产生不同的代码。C51 编译器的预处理器提供以下条件编译命令: #if、#else、#endif、#ifdef、#ifndef,这些命令的使用格式如下:

```
#ifdef 标识符
    程序段 1
#else
    程序段 2
#endif
```

4. 其它预处理命令

除了上面介绍的宏定义、文件包含和条件编译处理命令之外,C51 编译器还支持 #error、#pragma 和 #line 预处理命令。#line 命令一般很少使用,下面介绍 #error 和 #pragma 命令的功能和使用方法。

#error 命令通常嵌入在条件编译之中,以便捕捉到一些不可预料的编译条件。在正常情况下,该条件的值应为假,若条件的值为真,则输出一条由 #error 命令后面的字符串所给出的错误信息并停止编译。

#pragma 命令通常用在源程序中向编译器传送各种编译控制命令,其使用格式如下:

```
#pragma    编译命令名序列
```

习题

1. C51 语言为什么要规定对所有用到的变量要“先定义,后使用”。这样做有什么好处?

2. 字符常量与字符串常量有什么区别?

3. C51 中 while 和 do-while 的不同点是什么?

4. 用 3 种循环方式分别编写程序,显示整数 1~100 的平方。

5. 当一个函数需要返回多于一个值时,可以怎么做?

6. 在内部 RAM 的 30H 单元开始存放着 5 个元素,求其平均值,并存放在内部 RAM 的 50H 单元中。

7. 有 3 个学生的信息,每个学生信息包括学号、姓名、成绩,要求找出成绩最高的学生的姓名和成绩。

8. 试编写采用查表法求 1～20 的平方的子程序。

9. 将内部数据存储器自 30H 开始的 16 个单元的内容移动到内部数据存储器自 40H 开始的单元中。

10. 在外部数据存储器的 1000H 单元存放着一个 8 位数 X,按以下关系计算 Y,并存入内部 RAM 的 30H 单元中,请编写程序。

$$Y = \begin{cases} 10 & X > 0 \\ 0 & X = 0 \\ -10 & X < 0 \end{cases}$$

第4章 MCS-51 最小应用系统设计

MCS-51单片机内部有数据存储器、程序存储器和接口电路,这就使一些简单的应用系统的开发比较容易。只需在单片机上接时钟电路和复位电路,并且将$\overline{EA}$接+5V电源,就构成一个最小系统。在最小系统上,根据具体应用,将接口与外设相连,然后进行编程,达到对外设的监控。

常用外设的控制包括显示灯的控制、电机控制、发声控制、波形控制、数据采集、A/D转换和D/A转换等多种领域。本章就以几个常用的数字量输入输出为例介绍最小应用系统的设计和编程方法。

4.1 流水灯设计

发光二极管是一种特殊的二极管,当有电流流过时就会发光,利用这个特点可以制作流水灯的效果,即控制一排发光二极管逐个顺序发光。

1. 并行控制流水灯

在P1口接8个发光二极管,使其循环地逐个发光,电路连接如图4.1所示。

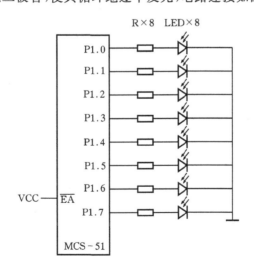

图 4.1 并行控制流水灯连线图

图中发光二极管直接受P1口的控制,要使某个发光二极管发光,只需使P1口对应位置1,否则对应位置0。在电路连接后,可编程控制每次亮灯的个数和亮灯的顺序。下面就是用两种方法控制发光二极管循环逐个发光的程序,一种方法是采用移位指令控制亮灯的顺序,另一种方法是采用 intrins. h 头文件中的移位函数控制亮灯的顺序。

方法一:

```c
//用移位指令控制发光二极管逐个发光。
#include <reg51. h>              //包含 51 的特殊寄存器头文件
void delay()                     //延时子程序
{
    unsigned int i;
    for (i=0; i<2000; i++) ;
}
void main()
{
    unsigned char index;         //循环变量
    unsigned char LED;           //灯的状态变量
    while (1)
    {
    LED = 1;
    for (index=0; index < 8; index++)
      {
      P1 = LED;                  //输出灯状态
      LED <<= 1;                 //改变灯的状态
      delay();                   //调用延时程序
      }
    }
}
```

方法二:

```c
//用移位函数控制发光二极管逐个发光
#include <reg51. h>              //包含 51 的特殊寄存器头文件
#include <intrins. h>           //包含常用函数头文件
void delay()                     //延时子程序
{
  unsigned int i;
  for (i=0; i<2000; i++) ;
}
void main()
{
  unsigned char LED;
  LED = 1;
  while (1)
```

```
{   P1 = LED;
    LED = _crol_( LED, 1);                //循环左移函数
    delay();
  }
}
```

2. 串行控制流水灯

用 P1 口经串/并转换器控制 8 个发光二极管,使其循环地逐个发光。当应用系统中连接的外设较少,外设可直接与单片机接口相连,这样控制速度较快;当系统中所连外设较多时,单片机接口就可能不够用,为节省接口,可将单片机与串/并转换芯片相连,单片机用两根线就可发送数据,串并转换器的输出端与 8 个发光二极管相连,连接如图 4.2 所示,控制程序如下。

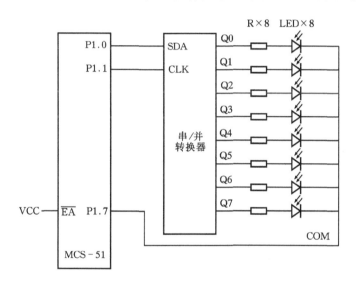

图 4.2　串行控制流水灯连线图

```
//串行控制流水灯程序
#include <reg51.h>                //包含 51 的特殊寄存器头文件
#include <intrins. h>             //包含常用函数头文件
sbit SDA=P1^1;
sbit CLK=P1^1;
sbit COM=P1^7;
void delay()                      //延时子程序
{
    unsigned int i;
    for (i=0; i<1000; i++)
}
void send(unsigned char a)        //串行发送 8 位数
{
```

```
    unsigned char i;
      for (i=0; i<8; i++)
      {
      if(_crol_(a,i)&0x80)          //位判断
      SDA=1;                        //位为1,串行数据线置1,否则置0
      else SDA=0;
      CLK=0;                        //产生发送脉冲
      CLK=1;
      }
}
void main()
{
  unsigned char DLED;
  DLED = 0x01;
  while (1)
  {
    COM = 1;
    send(DLED);
    COM =0;
    delay();
    DLED = _crol_(DLED ,1);
  }
}
```

4.2 波形产生

计算机中的数字0或1在电路上反映为0V和+5V的电压,利用这一点可以在单片机的接口上产生出各种各样的波形信号,每个并行口可以产生8个波形,波形的高低电平维持的时间由延时程序控制。

1. 方波
方波是指波形的高低电平时间相等,以下程序是在P1口上产生如图4.3所示的8个方波。

```
#include <reg51. h>                //包含51的特殊寄存器头文件
void delay()                       //延时子程序
{
  unsigned int i;
  for (i=0; i<2000; i++) ;
}
void main()
```

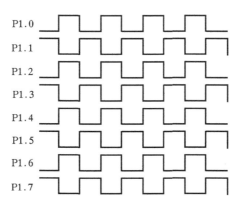

图 4.3　8 个方波

```
{
    P1 = 0x55;
    while (1)
    {
        P1 = ~P1;
        delay();
    }
}
```

2. 任意波

任意波形是指波形的高低电平时间不等,多个波形之间相位不同,如图 4.4 所示。图中有 3 个波形 A、B 和 C,时间间隔 T 由延时来定,每个波形由 8 个状态组成,要求连续产生 T1～T8 信号。这个波形可以由 P1 口的 P1.0、P1.1、P1.2 位分别产生。首先把每个 T 周期内波形的变化数值化,得数值 01H,02H,06H,03H,02H,04H,04H,00H,然后循环将数值逐个输出就可产生波形,下面即为任意波产生程序。

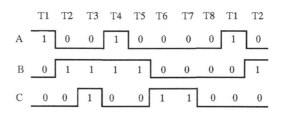

图 4.4　任意波形

```
#include <reg51.h>              //包含 51 的特殊寄存器头文件
#define uchar unsigned char     //定义符号 uchar 为数据类型符 unsigned char
//定义波形数组
code uchar Table[8]={ 0x01,0x02,0x06,0x03,0x02,0x04,0x04,0x00 };
void delay()                    //延时子程序
```

```
{
    unsigned int i;
    for (i=0; i<2000; i++);
}
void main(void)
{
    uchar i;
    while(1)
    {
        for (i=0; i<8; i++)                //输出 T1~T8
        {
            P1= Table[i];
            delay();
        }
    }
}
```

4.3　步进电机控制

步进电机又称为脉冲电机,它接受脉冲数字信号,每来一组脉冲,步进电机就走一步。步进电机可工作于单相通电方式,也可以工作于双相通电方式或单、双相交替通电方式。选用不同的通电方式,可使步进电机具有不同的工作性能,如减小步距、提高定位精度和工作稳定性等等。若以四相步进电机为例,其控制端为 A、B、C、D,其与单片机连接如图 4.5 所示。根据通电方式不同,有以下 3 种工作方式。

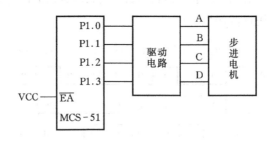

图 4.5　步进电机控制电路图

1. 单向通电工作方式

单项通电方式就是 A、B、C、D 项轮流通电,若通电顺序为 A→B→C→D→A,电机正转;若通电顺序为 D→C→B→A→D,电机反转。通电时间决定电机转动的速度,各项通电时间越短,电机转动越快,通电时间越长,电机转动越慢。步进电机单相通电时正转的程序如下:

```
#include <reg51.h>
```

```
#include <intrins. h>
void delay()                        //延时子程序,控制转动的速度
{
  unsigned int i;
  for (i=0; i<2000; i++) ;
}
void main()
{
  P1 = 0x11;
  while (1)
  {
    P1 = _crol_(P1,1);              //控制带电情况
    delay();
  }
}
```

2. 双向通电工作方式

双相通电方式就是 A、B、C、D 相每次有两相通电,若通电顺序为 AB→BC→CD→DA→AB,电机正转;通电顺序为 AD→DC→CB→BA→AD,电机反转。步进电机双相通电时正转的程序如下:

```
#include <reg51. h>                 //包含 51 的特殊寄存器头文件
# define uchar unsigned char        //定义符号 uchar 为数据类型符 unsigned char
code uchar Table[4]={ 0x03, 0x06, 0x0C, 0x09 };    //定义带电顺序数组
void delay()                        //延时子程序,控制转动的速度
{
  unsigned int i;
  for (i=0; i<1000; i++);
}
void main(void)
{
    uchar i;
    while(1)
    {
      for (i=0; i<4; i++)           //控制带电情况
      { P1= Table[i];
      delay(); }
    }
}
```

3. 单相、双相交替通电工作方式

单相、双相交叉通电方式是一次单相通电和一次双相通电间隔进行,若通电顺序为 A→AB→B→BC→C→CD→D→DA→A,电机正转;若通电顺序为 D→DC→C→CB→B→BA→A→AD,电机反转。程序可自行完成。

步进电机除四相外,还有三相、五相和六相等类型,每一种均可工作于以上三种方式。

4.4 LED 显示

LED 显示模块是由发光二极管组成的显示器件,常用的是七段 LED 和八段 LED,这种器件有共阴极和共阳极两种,其结构和封装如图 4.6 所示。共阴极 LED 是指发光二极管的阴极接在一起,如图(a)所示。使用时,公共端接地,当需要点亮某个段时,只需要将阳极接高电平即可。共阳极 LED 是指发光二极管的阳极接在一起,如图(b)所示。使用时,公共端接+5V,当需要点亮某个段时,只需要将阴极接低电平即可。

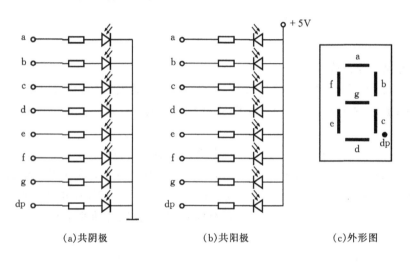

(a)共阴极　　　　　　(b)共阳极　　　　　　(c)外形图

图 4.6　LED 结构图与封装图

1. 静态显示

静态显示是指共阴极的公共端接地,或共阳极的公共端接+5V,段选线 a～dp 与一个 8 位并行口相连,这时只要在段选线上保持一定的电平,LED 各段就有相应的显示。图 4.7 为用 P1 控制共阴极 LED 的连线图,下面程序为在 LED 上循环显示 0～9。

```
#include <reg51.h>                //包含51的特殊寄存器头文件
#define uchar unsigned char       //定义符号 uchar 为数据类型符 unsigned char
//定义0～9的共阴极显示代码
code uchar Table[10]={0x3f,0x06,0x5b,0x4f,0x66,0x6d,0x7d,0x07,0x7f,0x6f};
void delay()                      //延时子程序
{
    unsigned int i;
```

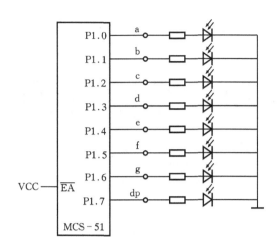

图 4.7　共阴极 LED 静动态显示控制电路

```
    for (i＝0；i＜2000；i＋＋)；
}
void main(void)
{
    uchar i;
    while(1)
    {
        for (i＝0；i＜＝9；i＋＋)
        {
        P1＝Table[i]；                //取显示代码并显示
        delay()；
        }
    }
}
```

2. 动态显示

在用 LED 显示多位数字时,若用静态显示就需要多个并行口。为简化电路,降低成本,将所有 LED 的段选线接在一起,而将其共阴极或共阳极端分别由 I/O 口进行控制。图 4.8 就是一个 8 位共阴极 LED 动态显示电路。

在动态显示中,8 位 LED 显示电路只需两个 8 位 I/O 口,其中一个 I/O 口控制段选线,另一个 I/O 口控制位选。由于所有位的段选线接在一起由一个 I/O 口控制,因此在输出段选信号时,8 个 LED 都接收到相同的显示代码。要想每位显示不同的数字,必须使位选线采用轮流驱动的形式,即在任何一个瞬间只有一位的位选线有效,此时,输出该位要显示数字的代码,这样轮流显示各位,从视觉上看每位可显示其应显示的数据。为消除位之间的干扰,在输出段码时,应关掉位选线,即位选线全部为无效,通常称为黑屏。下面程序为在 8 个 LED 上显示 1~8 的程序。

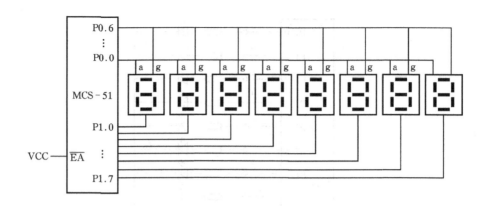

图 4.8　共阴极 LED 动态显示控制电路

```
#include <reg51.h>                    //包含51的特殊寄存器头文件
#define uchar unsigned char          //定义符号 uchar 为数据类型符 unsigned char
//定义1～8的共阴极显示代码
code uchar Table[8]={0x06,0x5b,0x4f,0x66,0x6d,0x7d,0x07,0x7f};
void main(void)
{
  uchar i;
  uchar com;
  com =0xfe;                         //位选线初值
  while(1)
  {
    for (i=0; i<=7; i++)
    {
    P1=&0xff;                        //黑屏
    P0=Table[i];                     //取显示代码并显示
    P1=com;                          //位选通
    com=_crol_( com,1);              //改变位选信号
    }
  }
}
```

由于单片机的 I/O 口具有锁存能力,因此,若要在 8 个发光二极管上轮流显示相同的数据,段选线上只需要输出一次数据的代码,然后位选线定时轮流选通各位选线即可。下面程序为在 8 个 LED 上显示数字 8 的程序,这个程序常用于测试动态电路的正确性。

```
#include <reg51.h>                    //包含51的特殊寄存器头文件
#define uchar unsigned char          //定义符号 uchar 为数据类型符 unsigned char
void delay()                          //延时子程序
{
```

```
    unsigned int i;
    for (i=0; i<2000; i++);
}
void main(void)
{
    uchar i;
    P0= 0x7f;                        //输出 8 的显示代码
    P1= 0x7f;                        //位选线初值
    while(1)
    {
        delay();
        P1 = _crol_(P1,1);           //位选通,并改变位选信号
    }
}
```

在很多应用系统中经常要用到 LED 显示模块显示系统的参数,如温度、压力等。要显示参数值,首先要将数据的每位进行分离,然后用动态显示的方式显示参数值。下面程序是在图 4.8 的前 4 个 LED 模块上显示无符号数 n 的值。

```
#include <reg51.h>
#include <intrins.h>
code unsigned char table[10]={0x3f,0x06,0x5b,0x4f,0x66,0x6d,0x7d,0x07,0x7f,0x6f};
delay()
{int i;
for(i=0;i<200;i++);
}
void main()
{
    unsigned char i,com;
    unsigned int n=4589;             //定义数据 n,要求 n<9999
    unsigned char n1[4],temp;
    while (1)
    {
        n1[0]=n/1000;                //分离数据个、十、百、千
        n1[1]=(n % 1000)/100;
        n1[2]=(n % 100)/10;
        n1[3]=n%10;
        com=0xfe;
    for(i=0;i<4;i++)
    {
```

```
    P1＝0xff;                        //为消除位之间干扰,黑屏
    temp＝n1[i];                     //查找第i位段码
    P0＝table[temp];                 //输出第i位段码
    P1＝com;                         //控制位显示
    delay();
    com＝_crol_(com,1);              //位码移位
    }
  }
}
```

4.5　发声控制

　　声音是控制系统中常用的一种信号形式,常用于出错报警或操作提示中。扬声器作为一种简单的发声设备常常被控制系统所采用。扬声器是由振荡的电压信号产生声音的,振荡频率越高,声音的音调越高,频率越低,声音的音调越低。图4.9所示为扬声器控制电路。下面程序即为产生一个纯音的程序,若改变延时程序中的循环次数,可改变音调,用户也可通过编程演奏音乐。

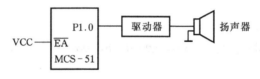

图4.9　扬声器控制电路

```
#include <reg51.h>                  //包含51的特殊寄存器头文件
sbit p1_0＝P1^0;
void delay()                        //延时子程序
{
  unsigned int i;
  for (i＝0; i<2000; i++) ;
}
void main(void)
{
while(1)
  {
    p1_0＝~ p1_0;                    // P1.0变反
    delay();
  }
}
```

4.6　键盘设计

在单片机应用系统中,为了控制系统的状态或向系统输入数据,应用系统应有按键。根据系统中按键的数量及按键的排列方式不同,按键分为独立式按键键盘和行列矩阵式键盘两种。

1. 独立式按键键盘

独立式按键键盘是指直接用 I/O 口的一根线与一个按键相连,每根 I/O 口上的按键状态不影响其它 I/O 口上按键的状态,图 4.10 所示为具有 4 个独立按键的键盘系统。当某个键按下时,对应行为 0,未按下键的行为 1。

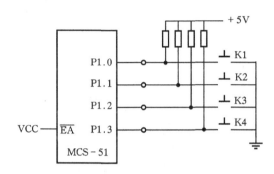

图 4.10　独立式按键键盘

独立式按键的软件结构简单,适合于按键较少的系统。下面程序为接收键值,并根据键号分别调用不同函数的程序。

```
#include <reg51.h>              //包含 51 的特殊寄存器头文件
#define uchar unsigned char     //定义符号 uchar 为数据类型符 unsigned char
void Func0() {}
void Func1() {}
void Func2() {}
void Func3() {}
void main(void)
{
    uchar key;
    key = P1;                   //读 P1 口的值
    key = key & 0x0f;           //屏蔽高 4 位
    while(1)
    {
        switch (key)            //键值查询
        {
        case 0x0e: Func0(); break;
        case 0x0d: Func1(); break;
```

```
case 0x0b：Func2()；break；
case 0x07：Func3()；break；
      }
    }
}
```

2. 行列矩阵式按键键盘

当按键较多时,如果用独立式按键方式就需要较多的接口线,为节省资源,常用行列矩阵式按键键盘。矩阵式按键键盘是指按键排成行和列,按键在行列交叉处,两端分别与行线和列线相连,这样,i 行 j 列可连 i×j 个按键,但只需要 i+j 条接口线。图 4.11 所示为 4 行 4 列矩阵式按键键盘的电路图,键号为 0～15。在矩阵键盘中,常用键值的识别方法有两种:行扫描法和行列翻转法。

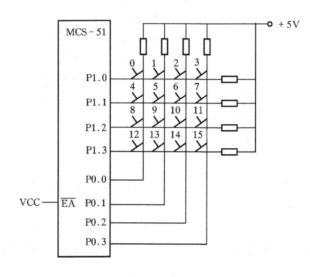

图 4.11　行列矩阵式按键键盘

(1) 行扫描法

行扫描法扫描键的原理为:先使第 0 行为低电平,其余行为高电平,然后读列线,看第 0 行是否有键被按下,即在第 0 行接地时,看有无列线变为低电平。如果某条列线变为低电平,则表示在第 0 行和此列交叉的位置有键被按下;如果所有列线均为高电平,则说明第 0 行上没有键被按下。此后,将第 1 行置低电平,检查是否有键按下。如此逐行扫描,直到最后一行。在扫描过程中,如果发现有键按下,通过对列线进行移位,计算出键号,退出扫描。

实际中,为快速检测出键盘上有无键被按下,可将所有行线置为低电平,看有无列线变为低电平。如果有一列线变为低电平,则表示有键被按下,这时进入行扫描,进行键的识别。下面即为用行扫描法读取图 4.11 键盘的键号,并存放在变量 key 中的程序。

在快速扫描时,如果判断到有键按下,但是在行扫描又没有发现有键按下,则说明是干扰信号,返回键值为-1。

```
#include <reg51.h>          //将寄存器头文件包含在文件中
#include <intrins.h>
```

```
#define uchar unsigned char          //定义符号 uchar 为数据类型符 unsigned char
#define uint unsigned int            //定义符号 uint 为数据类型符 unsigned int
//快速扫描函数
int fastfound()
{
uchar keyin;
P1=0;                                //所有行置 0
keyin=P0;                            //读列线
keyin=keyin&0x0f;
if (keyin==0x0f)
return(0);                           //如果无键按下,返回值为 0
else
return(1);                           //如果有键按下,返回值为 1
}
//行扫描法程序,计算键值
int keyfound()
{
  uchar keyvalue,keyscan,keyin;       //定义存放键值、行扫描初值可读列值的变量
  uchar i,j,flag;                     //定义行列循环变量
  keyscan=0xee;                       //行扫描初值
  keyvalue=0;                         //键初值
  flag=0;
  for (i=0;i<4;i++)
  {
    P1= keyscan;                      //行扫描
    keyin=P0;                         //读列值
    keyin= keyin & 0x0f;
    if (keyin! =0x0f)                 //如果有键按下,进行键识别
    {
      for (j=0;j<4;j++)
      if (((keyin>>j)&1)==0)
        {
        keyvalue=keyvalue+j;
        flag=1;
        break;
        }
    }
      else
        {
```

```
            keyvalue＋＝4;                    //如果无键按下,进行键值增加 4
            keyscan＝_crol_(keyscan,1);     //下一行扫描值
              }
        if (flag＝＝1)
        return(keyvalue);                    //有键按下返回键值
      }
    else
      return(－1);                           //无键按下返回－1
  }
//主程序
void main(void)
  {
  uchar key;                                //定义存放键值的变量
  if (fastfound()＝＝1)                      //如果有键按下,接收键值
  key＝ keyfound();
  }
```

(2) 行列翻转法

用行列翻转法识别键的原理为:先向行线上输出全 0,读列值,如果有键被按下,则某列为 0,然后向列线上输出全 0,读行值,那么闭合键所在的行值为 0。这样,当一个键被按下时,必定得到唯一的行列组合值,根据此值可得到所按键的键号。若在表中未查到组合值,则为干扰信号,键值置为－1。下面即为用行列反转法读取图 4.11 键盘的键号,并存放在变量 key 中的程序。

```
＃include ＜reg51.h＞          //将寄存器头文件包含在文件中
＃define uchar unsigned char   //定义符号 uchar 为数据类型符 unsigned char
＃define uint unsigned int      //定义符号 uint 为数据类型符 unsigned int
code uchar Table[16]＝{0xee,0xde,0xbe,0x7e,0xed,0xdd,0xbe,0x7d,
                      0xeb,0xdb,0xbb,0x7b,0xe7,0xd7,0xb7,0x77};
//快速扫描函数
int fastfound()
{
uchar keyin;
P1＝0;                         //所有行置 0
keyin＝P0;                     //读列线
keyin＝keyin & 0x0f;
if (keyin＝＝0x0f)
return(0);                     //如果无键按下,返回值为 0
else
return(1);                     //如果有键按下,返回值为 1
}
```

```
//行列翻转法程序,计算键值
int keyfound()
{
    uchar keyvalue,keyin_i, keyin_j, keyin;    //定义存放键值、行、列和行列组合值的变量
    uchar i;                                    //定义行列循环变量
      P1= 0;                                    //行置 0
      Keyin_j=P0;                               //读列值
      Keyin_j= Keyin_j<<4;
      P0= 0;                                    //列置 0
      Keyin_i=P1;                               //读行值
      Keyin_i= Keyin_i&0x0f
      Keyin= Keyin_i | Keyin_j                  //形成行列组合值
        for (i =0; i <16; i ++)                 //查找键值
        if (Table [i]== Keyin)
          {
          keyvalue=i;
          break;
          }
        else
        keyvalue=-1                             //无键按下 keyvalueo -1
        return(keyvalue);                       //返回键值
      }
//主程序
void main(void)
  {
  uchar key;                                    //定义存放键值的变量
  if (fastfound()==1)                           //如果有键按下,接收键值
  key= keyfound();
}
```

习题

1. 用 P0 口控制 8 个并行发光二极管,要求 8 个发光二极管每隔一定时间间隔发光,请画图并写程序。

2. 用 P0 口接 8 个开关,P1 口接 8 个发光二极管,要求每个开关与一个发光二极管对应,画图并写出发光二极管跟随开关状态变化的程序。

3. 设计四相步进电机控制电路,并编写单双向交替带电的步进电机转动的控制程序。

4. 现有 2 个共阳极七段 LED,设计动态显示电路,并编程显示内部数据存储单元 40H 的内容。

5. 在 P1.0 上接一开关,P1.1 上接一扬声器,开关闭合,扬声器发声,开关打开,停止发声,请编写程序。

6. 设计 8×8 矩阵键盘,编写键值识别程序,根据键值不同调用不同的函数。

7. 在 P1.0 上接一开关,P0.1~P0.3 上接一四相步进电机,开关闭合,电机正转,开关打开,电机反转,请编写程序。

8. 用 2 根 I/O 线控制一个七段发光二极管,使其上循环显示 0~9,请设计电路并编程。

9. 现有 4 个共阳极七段 LED 与单片机连接如下,编程显示整型变量 count 的值。

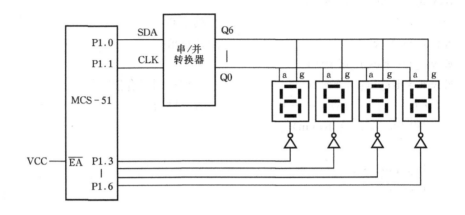

第 5 章　中断系统

5.1　中断的概念及涉及的问题

5.1.1　中断的概念

"中断"顾名思义就是打断某一正常工作程序而去处理与本工作有关的更为重要的事情，处理完后，则继续按原程序工作，或由于突发事件不得不中止正常工作过程。

在日常生活中"中断"是一种普遍现象。例如，在医生门诊时。正常情况是医生按病人挂号顺序一个接一个地诊疗。但当一位急症病人（中断源）向医生提出急救要求时（中断申请），医生经思考判断后，会临时中止正常治病顺序，而立即抢救要求急救的病人（中断处理），待抢救结束，医生即按原来的顺序继续接待其他病人（中断返回）。在某些场合中，中断并不是人为的，而是不得已而为之。例如，晚上工作时突然停电，人们只好停止工作，待电恢复后才能继续工作。然而在另一些场合，人们往往利用中断来提高工作效率。

一般而言，计算机系统是一个多任务复杂的系统，只有采用中断处理技术，才能有效地组织、管理、控制整个系统，完成任务，处理紧急突发事件。因此，中断处理功能的强弱成为计算机功能完善与否的重要指标。

综上所述，在计算机系统中，中断的概念可小结如下：

在计算机中，由于计算机内外部软硬件的原因，使 CPU 从当前正在执行的程序中暂停下来，而自动转去执行预先安排好的为处理该原因所对应的服务程序，待处理结束后，再回来继续执行被暂停的程序，这个过程称为中断。实现中断的硬件系统和软件系统称为中断系统。

5.1.2　中断系统涉及的问题

1. 中断源与中断请求

产生中断请求信号的事件和原因称为中断源。根据中断源产生的原因，中断可分为软件中断和硬件中断。当中断源请求 CPU 中断时，就通过软件或硬件的形式向 CPU 提出中断请求。对于一个中断源，中断请求信号产生一次，CPU 中断一次，不能出现中断请求产生一次，CPU 响应多次的情况。这就要求中断请求信号要及时撤销。

2. 中断优先控制

能产生中断的原因很多，当系统有多个中断源时，有时会出现几个中断源同时请求中断的情况，但 CPU 在某个时刻只能对一个中断源进行响应，响应哪一个呢？这就涉及到中断优先权控制问题。在实际系统中，往往根据不同中断源的重要程度给中断源设定优先等级。当多个中断源提出中断请求时，优先等级高的先响应，优先等级低的后响应。

3. 中断允许与中断屏蔽

当中断源提出中断请求,CPU 检测到后是否立即进行中断处理呢?结果不一定。CPU 要响应中断,还受到中断系统多个方面的控制,其中最主要的是中断允许和中断屏蔽的控制。如果某个中断源被系统设置为屏蔽状态,则无论中断请求是否提出都不会响应;当中断源设置为允许状态,又提出了中断请求,则 CPU 才会响应。另外,当有高优先级中断在响应时,也会屏蔽同级中断和低优先级中断。

4. 中断响应与中断返回

在允许中断的情况下,若有中断请求信号,CPU 就会响应中断,进入中断响应过程。首先对当前的断点地址进行入栈保护,然后把中断服务子程序的入口地址送给程序计数器 PC,转移到中断服务子程序,以进行相应的中断处理,最后,通过用中断返回指令返回断点位置,结束中断。在中断服务子程序中往往还涉及到现场保护和恢复现场以及其它处理。其过程如图 5.1(a)所示。

5. 中断嵌套

当 CPU 在执行某一个中断处理程序时,若有一个优先级更高的中断源请求服务,则 CPU 应该能挂起正在运行的低优先级中断处理程序,响应这个高优先级中断。在高优先级中断处理完后能返回低优先级中断,继续执行原来的中断处理程序,这个过程就是中断嵌套。如图 5.1(b)所示。

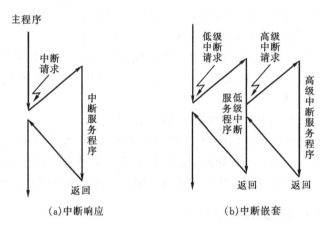

图 5.1 中断流程示意图

5.1.3 计算机采用中断系统的优点

1. 并行分时操作

有了中断技术,CPU 可以同时启动多台外设并行工作,CPU 可按中断申请分时与外设进行信息交换,或处理相关任务。这样既解决了快速 CPU 与慢速外设之间的矛盾,也大大提高了 CPU 效率。例如,在 CPU 启动定时/计数器后,就可以继续执行主程序,同时定时/计数器也在工作(并行工作)。当定时/计数器定时时间到溢出时,便向 CPU 发出中断请求,CPU 若响应中断请求,即中止主程序运行,转去执行定时/计数器服务子程序(定时时间到要求 CPU 完成的服务任务)(分时操作),服务结束后,又返回主程序继续运行。

2. 实时处理

中断系统使 CPU 能及时处理许多随机参数和信息,实时监控的各种随机信息在任一时刻均可向 CPU 发出中断请求,要求 CPU 给予服务。

3. 故障处理

中断系统可以使 CPU 具有及时处理突发事件以及系统中出现故障的能力。例如,自然灾害、电源停电或电源突变、运算溢出、通信出错等,而不必人工干预,提高了计算机系统的可靠性。

5.2 MCS-51 中断控制系统

5.2.1 MCS-51 的中断源与中断请求标志

MCS-51 单片机设有 5 个中断源,2 级中断优先级,可实现 2 级中断嵌套。每个中断源可由程序开中断或者关中断,每个中断源的优先级别可由程序设置。5 个中断源包括 2 个外部中断 $\overline{INT0}$、$\overline{INT1}$、2 个内部定时/计数器溢出中断 TF0、TF1 和 1 个内部串行口中断 TI 或 RI,如图 5.2 所示。这些中断请求分别由特殊功能寄存器 TCON 和 SCON 的相应位锁存。

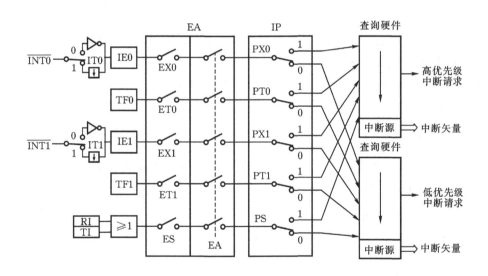

图 5.2　中断系统的逻辑结构图

1. TCON 用于中断请求的标志

定时/计数器启停控制寄存器 TCON 除用于启停控制和溢出标志外,还用作中断请求标志及外部中断请求的触发方式控制。其中溢出标志,就是定时/计数器的中断请求标志。TCON 用于中断请求标志的格式如下:

TCON	TF1		TF0		IE1	IT1	IE0	IT0	字节地址 88H
位地址	8FH		8DH		8BH	8AH	89H	88H	

ITO:外部$\overline{\text{INT0}}$中断请求触发方式。当 ITO＝0 时,低电平触发;当 ITO＝1 时,下降沿触发。

IT1:外部$\overline{\text{INT1}}$中断请求触发方式。作用同 ITO。

IE0:外部$\overline{\text{INT0}}$中断请求标志位。当外部$\overline{\text{INT0}}$发中断请求时,IE0 置 1,向 CPU 请求中断,否则为 0。外部$\overline{\text{INT0}}$中断响应后 IE0 自动清 0。

IE1:外部$\overline{\text{INT1}}$中断请求标志位。作用同 IE0。

TF0:片内定时/计数器 0 的溢出中断请求标志位,定时/计数器 0 溢出时,TF0 置 1,向 CPU 请求中断,否则为 0。定时/计数器 0 的中断响应后 TF0 自动清 0。

TF1:片内定时/计数器 1 的溢出中断请求标志位,作用同 TF0。

2. SCON 用于中断请求的标志

串行口控制寄存器 SCON 的低 2 位(TI 和 RI)是串行口的发送中断请求标志和接收中断请求标志,其格式如下:

TI:串行口发送中断请求标志位,当发送完一个字节或发送停止位时 TI 置 1,向 CPU 请求中断处理,TI 由中断服务程序清 0。

RI:串行口接收中断请求标志位,当接收完一个字节或停止位时 RI 置 1,向 CPU 请求中断处理,RI 也要由中断服务程序清 0。

5.2.2　中断控制

中断控制由控制字来实现。在 MCS－51 单片机中,中断控制寄存器有两个,一个是中断允许寄存器,另一个是中断优先级寄存器。

1. 中断允许寄存器 IE

IE 用于设置开放或关闭中断,其格式如下:

	D₇	D₆	D₅	D₄	D₃	D₂	D₁	D₀	
IE	EA			ES	ET1	EX1	ET0	EX0	字节地址 A8H
位地址	AFH			ACH	ABH	AAH	A9H	A8H	

EA:中断总的开放或禁止控制位。当 EA＝1 时,CPU 允许中断,但 5 个中断源的中断是否允许,还由 IE 的低 5 位的状态来定;当 EA＝0 时,CPU 禁止所有的中断。

ES:串行口的中断允许位。当 ES＝1 时,串行口允许中断;当 ES＝0 时,则禁止中断。

ET0:定时/计数器 0 的中断允许位。当 ET0＝1,定时/计数器 0 溢出时,允许中断;当 ET0＝0 时,则禁止中断。

EX0:$\overline{\text{INT0}}$的中断允许位。EX0＝1 时,$\overline{\text{INT0}}$允许中断;当 EX0＝0 时,则禁止中断。

ET1:定时/计数器 1 的中断允许位。功能同 ET0。

EX1:$\overline{INT1}$的中断允许位。功能同 EX0。

复位后 IE 清 0,使用时可根据需要将某些位置 1。

2. 中断优先级寄存器 IP

IP 用于设置 5 个中断的中断优先级,其格式如下:

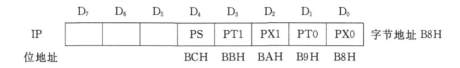

PS:串行口的中断优先级控制位。PS=1 时,串行口为高优先级中断源;PS=0 时,为低优先级中断源。

PT0:定时/计数器 0 的中断优先级控制位。PT0=1 时,定时/计数器 0 为高优先级中断源;PT0=0 时,则为低优先级中断源。

PX0:$\overline{INT0}$的中断优先级控制位。PX0=1 时,$\overline{INT0}$高优先级中断源;PX0=0 时,则为低优先级中断源。

PT1:定时/计数器 1 的中断优先级控制位。功能同 PT0。

PX1:$\overline{INT1}$的最高中断优先级控制位。功能同 PX0。

在 MCS-51 单片机中,中断优先级分为两级,即高优先级和低优先级。为此设置有两个不可寻址的中断优先级触发器,分别指示两级中断服务。当 CPU 为高级中断请求服务时,高优先级触发器置 1,否则清 0。中断优先级寄存器 IP 中各位的状态可由程序设置,IP 寄存器复位后,其状态为 00H,即所有中断源均为低优先级。当设置某些中些源为高优先级后,其余中断源为低优先级。几个相同优先级别的中断源同时中断请求时,CPU 通过内部查询来确定先为哪一个中断请求服务,查询优先级顺序如表 5.1 所示。

表 5.1　同一级中断源优先顺序

中断源	同一级中断源优先顺序
外部$\overline{INT0}$	高级
定时/计数器 0	
外部$\overline{INT1}$	↓
定时/计数器 1	
串行接口	低级

3. 中断系统的初始化

在单片机工作时,中断控制由程序来实现,也就是通过程序设置上述寄存器,以确定允许或禁止中断和每一中断源的优先级别以及外部中断的请求方式。中断系统初始化是指用户对这些特殊功能寄存器中的各控制位进行赋值,初始化步骤为:

(1)设置允许相应中断源的中断;

(2)设定所用中断源的中断优先级;

(3) 若为外部中断,则应规定低电平还是下降沿的中断触发方式。

【例 5 - 1】 请写出 $\overline{INT1}$ 为低电平触发优先级为高优先级的中断系统初始化程序。

(1) 采用字节操作语句:

```
♯include <reg51.h>           //包含 51 的特殊寄存器头文件
void main(void)
{
    IE=0x84;                 //开INT1中断
    IP=0x04;                 //INT1为高优先级
    TCON=0xfb;               //INT1为低电平触发
}
```

(2) 采用位操作语句:

```
♯include <reg51.h>           //包含 51 的特殊寄存器头文件
void main(void)
{
    EA=1;
    EX1=1;                   //开INT1中断
    PX1=1;                   //令INT1为高优先级
    IT1=0;                   //令INT1为低电平触发
}
```

显然,采用位操作语句进行中断系统的初始化是比较简单的,因为用户不必记住各控制位寄存器中的确切位置,而各控制位的名称是比较容易记忆的。

4. 中断响应处理

MCS - 51 单片机规定 CPU 在执行中断返回语句或访问 IE、IP 寄存器的语句时不响应中断请求,只有上述指令执行完后的下一条指令周期的末尾才去响应新的中断请求。响应后由硬件清除中断请求标志(TI 和 RI 除外),保护断点,根据中断号转向中断服务程序的入口,执行中断服务程序。MCS - 51 单片机中各中断源的中断号和服务程序的入口地址如表 5.2 所示。

表 5.2 中断服务程序入口

中断源	中断号	入口地址
外部	0	0003H
定时/计数器 T0	1	000BH
外部	2	0013H
定时/计数器 T1	3	001BH
串行接口	4	0023H

前面已经提到,C51 编译器对中断函数编译时会自动在程序开始和结束处加上相应的语句,保护 ACC、B、DPH、DPL 和 PSW 的内容。另外还可以根据中断函数后的 using n 修饰符自动选择工作寄存器区。

【例 5-2】在 MCS-51 的 P0 上接 8 个发光二极管,每发生一次 0# 外部中断,指示灯移动一位。其程序如下:

```
//主程序
#include <reg51.h>                    //包含 51 的特殊寄存器头文件
#include <intrins.h>
#define uchar unsigned char
uchar temp;
void main()
{
    IE=0x81;                         //也可用 EA=1; EX0=1;
    IT0=1;
    temp=0x01;
    while(1);
}
//中断服务子程序
void int0_fun(void) interrupt 0 using 1
{
    P1=temp;
    temp=_crol_(temp,1);
    }                                //中断返回
```

对于外部中断源,若采用电平触发方式,中断返回之前外部中断请求信号必须撤销。否则,中断返回后 CPU 会再次响应这一中断请求。电平触发方式适合于外部中断源以低电平方式请求,而且中断服务程序要能清除外部的中断请求信号。为了保证中断请求可靠,外部低电平至少需要保持 12 个振荡周期。若外部中断源采用边沿触发方式,其跳变状态被中断标志触发器锁存,既使 CPU 暂时不予响应,请求信号也不会丢失。但是,为了工作可靠,要求负脉冲至少也要保持 12 个振荡周期。

5.3　多外部中断源系统设计

MCS-51 单片机为用户提供了两个外部中断输入端 $\overline{INT0}$ 和 $\overline{INT1}$,在实际应用系统中,外部中断请求源往往比较多,可以利用中断与查询相结合的方法来处理。我们可以按它们的任务情况进行优先级排队,把其中高优先级中断直接接到 MCS-51 的外部中断 $\overline{INT0}$ 的输入端,其余的中断源连接到外部中断 $\overline{INT1}$ 的输入端,同时将中断输入端分别连到一个 I/O 口,图5.3所示为 4 个中断源共用一个中断请求的电路。

中断源由外部硬件电路产生,中断源的识别由程序查询处理,查询的次序由中断源的优先级别决定,这种方法可处理多个中断源,因为被查询的输入线可有很多根,图 5.3 中 5 个中断源的优先级排队如下:

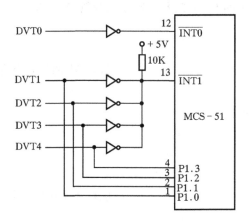

图 5.3　扩展多个外部中断

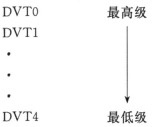

在此电路进行中,DVT0单独使用$\overline{INT0}$,因此可以采用低电平或边沿触发方式,可单独申请中断。而DVT1~DVT4共同使用$\overline{INT1}$,为同级中断,仅查询顺序有别。因为在中断服务子程序要进行查询,所以它们只能采用电平触发中断方式。

假设DVT1~DVT4上有中断发生时,程序分别执行Func0()~Func3()函数,$\overline{INT1}$的中断服务程序如下:

```
void intEnter() interrupt 2
{
  unsigned char FuncID;
  FuncID=P1;                    //读 P1 口的值
  FuncID= FuncID & 0x0f;        //屏蔽高 4 位
  switch (FuncID)               //中断源查询
  {
    case 1: Func0(); break;
    case 2: Func1(); break;
    case 4: Func2(); break;
    case 8: Func3(); break;
  }
}
```

习题

1. 简述中断、中断源、中断源的优先级及中断嵌套的含义。

2. 哪些特殊功能寄存器与 MCS-51 中断系统有关? 它们各具什么功能?

3. 简述 MCS-51 单片机中断响应过程。

4. 当 $\overline{INT0}$ 或 $\overline{INT1}$ 采用边沿触发方式时对脉冲宽度有何要求?

5. MCS-51 中断系统是否提供了供 CPU 进行查询工作的可能?

6. 在一个实际系统中,若有 8 个外部中断源,均采用电平触发方式,试设计其申请中断的硬件电路和中断服务子程序。(设这 8 个外部中断源属同级中断)

7. 请设计一个外部脉冲计数与显示电路,并编写显示脉冲个数的程序。要求:脉冲信号与单片机的 $\overline{INT0}$ 相连,用 4 个共阴极七段 LED 作为显示器。

第6章 定时/计数器

MCS-51单片机内部有2个16位的可编程定时/计数器,逻辑结构如图6.1所示。定时/计数器0由计数器TH0和TL0组成,定时/计数器1由计数器TH1和TL1组成。THX和TLX(X=0、1)分别为两个8位计数器,连接起来可组成16位计数器。定时/计数器的工作方式由方式控制字TMOD选择,定时/计数器的启停由控制寄存器TCON控制,这两个寄存器均属特殊功能寄存器。

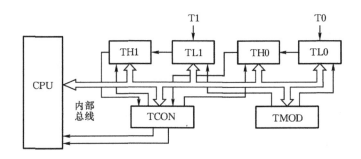

图6.1 定时/计数器的逻辑结构

6.1 定时/计数器的内部结构

6.1.1 定时/计数器的工作原理

定时/计数器内部结构如图6.2所示,其核心是一个加1计数器,加1计数器的脉冲有两个来源:一个是外部脉冲源,另一个是系统的时钟振荡器。

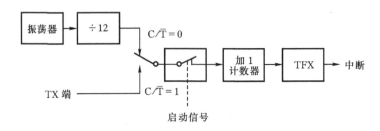

图6.2 定时/计数器的结构框图(X=0、1)

　　计数器对两个脉冲源之一进行输入计数,每输入一个脉冲,计数值加 1。当计数到计数器为全 1 时,再输入一个脉冲就使计数值回零,同时产生溢出使特殊功能寄存器 TCON(定时/计数器控制寄存器)的某一位 TF0 或 TF1 置 1,作为定时/计数器的溢出中断标志。如果定时/计数器工作于定时状态,则表示定时的时间到;若工作于计数状态,则表示计数回零。所以,加 1 计数器的基本功能是对输入脉冲进行计数,至于其工作于定时还是计数状态,则取决于脉冲源。当脉冲源为时钟振荡器(等间隔脉冲序列)时,由于计数脉冲周期相同,所以脉冲数乘以脉冲周期就是定时时间,此时为定时功能。当脉冲源为外部脉冲时,就是外部事件的计数器,此时为计数功能。

　　定时/计数器用作"定时器"时,计数脉冲是时钟频率的 12 分频,即就是每个机器周期计数器加 1,因此,也可以把它看作是在累计机器周期。由于一个机器周期包括 12 个振荡周期,所以它的计数速率是振荡频率的 1/12。

　　定时/计数器用作"计数器"时,计数器在其对应的外输入端 T0 或 T1 有一个"1→0"的跳变时加 1。此操作中,在每个机器周期的 S_5P_2 期间采样外部输入信号,当一个周期的采样值为高电平,而下一个周期采样值变为低电平时,计数器加 1。新的计数值在检测到跳变后的下一个周期的 S_3P_1 期间完成。由于识别一个从"1→0"的跳变要用两个机器周期(24 个振荡周期),所以最快的计数速率是振荡频率的 1/24。外部输入信号的速率是不受限制的,但必须保证给出的电平在变化前至少被采样一次,即它应该至少保持一个完整的机器周期。

　　图 6.1 中有两个模拟的位开关,前者决定定时/计数器是定时方式还是计数方式。当开关与振荡器相接则为定时,与 T_x 端相接则为计数。后一个开关受控制信号的控制,它实际上决定了脉冲源是否送到计数器输入端,即决定了加 1 计数器的开启与运行。在实际线路中这两个开关是由特殊功能寄存器 TMOD 与 TCON 的相应位设置的。TMOD 和 TCON 是专门用于定时/计数器的控制寄存器,用户可用指令对其各位进行写入或更改操作,从而选择不同的工作状态(计数或定时)或启动时间,并可设置相应的控制条件,换言之,定时/计数器是可编程的。

　　定时/计数器在系统中是作定时器用还是作计数器用,采用哪种工作方式,要不要中断参与控制等都是可编程的,即都是通过程序来控制的。在开始定时或计数之前都必须对特殊功能寄存器 TMOD 和 TCON 写入一个方式字或控制字,要有一个初始化(预置)过程。

6.1.2　方式寄存器 TMOD

　　定时/计数器的方式控制寄存器 TMOD 是一可编程的特殊功能寄存器,字节地址为89H,不可位寻址。其中低 4 位控制定时/计数器 0,高 4 位控制定时/计数器 1,其格式如下:

	D_7	D_6	D_5	D_4	D_3	D_2	D_1	D_0	
TMOD	GATE	C/$\overline{\text{T}}$	M1	M0	GATE	C/$\overline{\text{T}}$	M1	M0	字节地址 89H
	←定时/计数器 1 方式字→				←定时/计数器 0 方式字→				

　　GATE:门控位。当 GATE=1 时,定时/计数器受外部中断信号 $\overline{\text{INT}}$ 的控制($\overline{\text{INT0}}$ 控制定时/计数器 0 的计数,$\overline{\text{INT1}}$ 控制定时/计数器 1 的计数),且当运行控制位 TR0(或 TR1)为 1 时开始计数,为 0 时停止计数。当 GATE=0 时,外部中断信号不参预控制,此时,只要控制位

TR0(或 TR1)为 1 时,定时/计数器就开始计数,而不管外部中断信号$\overline{INT}$的电平为高还是为低。

$C/\overline{T}$:计数方式还是定时方式选择位。当 $C/\overline{T}=0$ 时为定时方式,其计数器输入为晶振脉冲的 12 分频,即对机器周期计数。当 $C/\overline{T}=1$ 时为计数方式,计数器的触发输入来自 T0 (P3.4)或 T1(P3.5)端的外部脉冲。

M1 和 M0:操作方式选择位。对应 4 种操作方式如表 6.1 所示。当系统复位时,TMOD 各位均为"0"。

表 6.1　操作方式选择

M1M0	操作方式	功能
00	方式 0	13 位计数器
01	方式 1	16 位计数器
10	方式 2	可自动再装载的 8 位计数器
11	方式 3	定时/计数器 0 分为两个独立计数器 定时/计数器 1 为串行口波特率发生器

6.1.3　启/停控制寄存器 TCON

定时/计数器的控制寄存器 TCON 也是一个 8 位特殊功能寄存器,字节地址为 88H,可以位寻址,位地址为 88H~8FH,其格式如下:

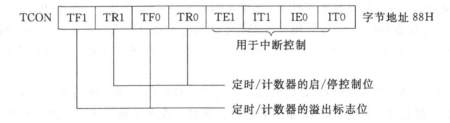

TF1(TCON.7):定时/计数器 1 溢出标志。当定时/计数器 1 产生溢出时,由硬件置 1,可向 CPU 发中断请求。CPU 响应中断后被硬件自动清 0,也可以由程序查询后清 0。

TR1(TCON.6):定时/计数器 1 运行控制位。由软件置 1 或置 0 来启动或关闭定时/计数器 1 工作。

TF0(TCON.5):定时/计数器 0 溢出标志(类同 TF1)。

TR0(TCON.4):定时/计数器 0 启/停控制位(类同 TR1)。

TCON 的低 4 位与外部中断有关。复位后,TCON 的各位均被清"0"。

6.2　定时/计数器的工作方式

如前所述,MCS-51 单片机片内的定时/计数器可以通过对特殊功能寄存器 TMOD 中的控制位 $C/\overline{T}$ 的设置来选择定时方式或计数方式;通过对 M1M0 两位的设置来选择 4 种工作方式。

1. 方式 0

当方式寄存器 TMOD 中的 M1M0＝00 时,计数器工作于方式 0,计数器长度为 13 位。由 TLX 的低 5 位(TLX 的高 3 位未用)和 THX 的 8 位构成 13 位计数器(X＝0,1)。定时/计数器 1 在方式 0 下的逻辑图如图 6.3 所示。若对于定时/计数器 0,只要把图中相应的标识符后缀 1 改为 0 即可。

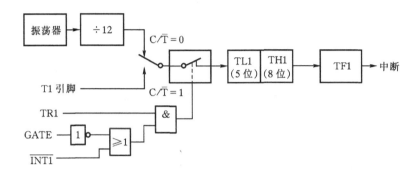

图 6.3　定时/计数器 1 在方式 0 下的逻辑图

图 6.3 中 C/$\overline{\text{T}}$ 是 TMOD 的控制位,当 C/$\overline{\text{T}}$＝0 时,选择定时方式,计数器输入信号为晶振的 12 分频,即计数器对机器周期计数。当 C/$\overline{\text{T}}$＝1 时,选择计数方式,计数器输入信号为外部引脚 P3.5(T1)。TR1 是启/停控制位,GATE 是门控位,$\overline{\text{INT1}}$ 是外部中断 1 的输入端。当 GATE＝1 时,则计数器启动受外部中断信号 $\overline{\text{INT1}}$ 的控制,此时,只要 $\overline{\text{INT1}}$ 为高电平,计数器便开始计数,当 $\overline{\text{INT1}}$ 为低电平时,停止计数。利用这一功能可测量 $\overline{\text{INT1}}$ 引脚上正脉冲的宽度。TF1 是定时/计数器的溢出标志。

当定时/计数器 1 按方式 0 工作时,计数输入信号作用于 TL1 的低 5 位;当 TL1 低 5 位计满产生溢出时向 TH1 的最低位进位;当 13 位计数器计满产生溢出时,使控制寄存器 TCON 中溢出标志 TF1 置"1",并使 13 位计数器全部清零。此时,如果中断是开放的,则向 CPU 发中断请求。若定时/计数器继续按方式 0 工作下去,则应按要求给 13 位计数器重新赋予初值。

2. 方式 1

当方式寄存器 TMOD 中的 M1M0＝01 时,计数器工作于方式 1,计数器长度为 16 位,即 TLX、THX 全部使用,构成 16 位计数器,其控制与操作方式与方式 0 完全相同。

3. 方式 2

当方式寄存器 TMOD 中 M1M0＝10 时,定时/计数器工作于方式 2,定时/计数器就变为可自动装载计数初值的 8 位计数器。在这种方式下,TL1(TL0)被定义为加 1 计数器,TH1 (或 TH0)被定义为赋初值寄存器,定时/计数器 1 在方式 2 下的逻辑结构如图 6.4 所示。

当计数器 TL1 计满产生溢出时,不仅使其溢出标志 TF1 置 1(若中断是开放的,则向 CPU 发中断请求),而且还自动打开 TH1 和 TL1 之间的三态门,使 TH1 的内容重新装入 TL1 中,并继续计数操作。TH1 的内容可通过软件预置,重新装载后其内容不变。因而用户可省去重新装入计数初值的程序,简化定时时间的计算,可产生相当精确的定时时间。另外,

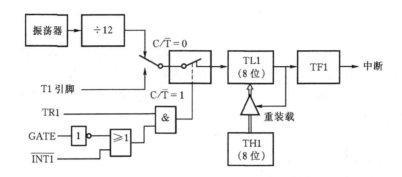

图6.4　定时/计数器1在方式2下的逻辑图

方式2还特别适合于把定时/计数器用作串行口波特率发生器。

4. 方式3

当方式寄存器 TMOD 中 M1M0＝11 时,内部控制逻辑把 TL0 和 TH0 配置成2个互相独立的8位定时/计数器,如图 6.5 所示。其中 TL0 使用了自己本身的一些控制位。$C/\overline{T}$、GATE、TR0、$\overline{INT0}$、TF0,其操作类同于方式0和方式1,可用于计数也可用于定时。但 TH0 只能用于定时器方式,因为它只能对机器周期计数。它借用了定时/计数器1的控制位 TR1 和 TF1,因此,TH0 控制了定时/计数器1的中断。

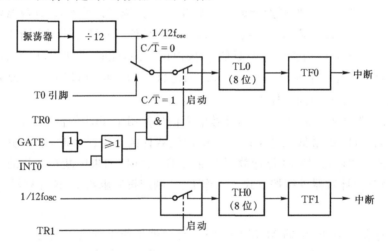

图6.5　定时/计数器0在方式3下的逻辑图

方式3只适合于定时/计数器0,使其增加一个8位定时器。

一般情况下,当定时/计数器1作为串行接口波特率发生器时,定时/计数器0才定义为方式3,以增加一个8位计数器。当定时/计数器0定义方式3时,定时/计数器1可定义为方式0、方式1和方式2。其逻辑结构如图 6.6 所示。

M1M0 为 00 时,定时/计数器1工作于方式0,如图 6.6(a)所示。

M1M0 为 01 时,定时/计数器1工作于方式1,如图 6.6(b)所示。

M1M0 为 10 时,定时/计数器1工作于方式2,如图 6.6(c)所示。

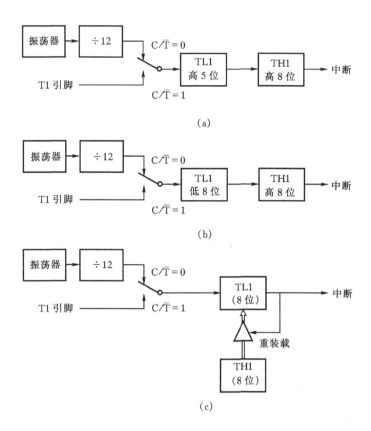

图 6.6　定时/计数器 0 在方式 3 时的定时/计数器 1 的逻辑图

6.3　定时/计数器编程举例

6.3.1　定时/计数器的初始化

由于定时/计数器是可编程的,因此在定时或计数之前要用程序进行初始化,初始化一般有以下几个步骤:

(1) 对方式寄存器 TMOD 赋值,确定工作方式。

(2) 预置定时或计数初值,直接将初值写入 TL0,TH0 或 TL1,TH1 中。

(3) 根据需要对中断允许寄存器有关位赋值,以开放或禁止定时/计数器中断。

(4) 启动定时/计数器,使 TCON 中的 TR1 或 TR0 置 1,定时/计数器即按既定的工作方式和初值开始计数或定时。

在初始化过程中,要置入定时或计数的初值,须作一点计算。由于计数器是加 1 计数器,并在溢出时产生中断请求,因此不能直接将计数初值置入计数器,而应送计数初值的补码数。

设计数器最大计数值为 M,选择不同的工作方式最大计数值不同。

方式 0:$M = 2^{13} = 8192$

方式 1:$M = 2^{16} = 65536$

方式 2、方式 3:M＝2^8＝256

置入计数初值 X 可如下计算：

计数方式时:X＝M－计数值

定时方式时:(M－X)×T＝定时值

故,X＝M－定时值/T

其中 T 为计数周期,是单片机时钟的 12 分频,即单片机机器周期。当晶振为 6MHz 时,T＝2μs,当晶振为 12MHz 时,T＝1μs。

【例 6－1】若单片机晶振为 6MHz,要求产生 1000μs 定时,试计算 X 的初值。

解:由于 T＝2μs,产生 1000μs 定时,则需要"＋1"500 次,定时器方能产生溢出。

采用方式 0:

X＝2^{13}－500＝7692＝1111000001100B

但方式 0 的 TL1 高 3 位是不用的,都设为"0",则

F00CH＝1111000000001100B

即将 F0H 装入 TH1,0CH 装入 TL1。

采用方式 1:

X＝2^{16}－500＝65036＝FE0CH

即将 FEH 装入 TH1,0CH 装入 TL1。

【例 6－2】若单片机晶振为 12MHz,设定时/计数器 1 作定时器,以方式 1 工作,定时时间为 5ms;定时/计数器 0 作计数器,以方式 2 工作,外界发生一次事件(一个负脉冲)即产生溢出,试对定时器初始化。

解:定时/计数器 0 的初值为:

X＝2^8－1＝255＝FFH

即将 FFH 装入 TH0,FFH 装入 TL0。

定时/计数器 1 的初值为:

X＝2^{16}－5ms/1μs＝EC78H

即将 ECH 装入 TH1,78H 装入 TL1。

方式寄存器 TMOD＝00010110B＝16H。

初始化程序：

```c
#include <reg51.h>        //包含特殊功能寄存器库
void main(void)
{
    TMOD=0x16;
    TH0=0xFF;
    TL0=0xFF;
    TH1=0xEC;
    TL1=0x78;
    TR0=1;                //启动定时/计数器 0
    TR1=1;                //启动定时/计数器 1
}
```

6.3.2 编程举例

【例 6 - 3】若单片机晶振为 12MHz,用定时/计数器 0 编程实现从 P1.0 输出周期为 500μs 的方波。

解:从 P1.0 输出周期为 500μs 的方波,只需 P1.0 每 250μs 取反一次则可。当系统时钟为 12MHz,定时/计数器 0 工作于方式 2 时,最大的定时时间为 256μs,满足 250μs 的定时要求,方式控制字设定为 00000010B(02H)。系统时钟为 12MHz,定时 250μs,计数值 N 为 250,初值 X=256-250=6,则 TH0=TL0=06H。

(1) 采用查询方式处理的程序:

```
#include <reg51.h>          //包含特殊功能寄存器库
sbit P1_0=P1^0;
void main()
{
  TMOD=0x02;
  TH0=0x06;
  TL0=0x06;
  TR0=1;
  for(;;)
  {
    if (TF0)
      { TF0=0;P1_0=! P1_0;}   //查询计数溢出
  }
}
```

(2) 采用中断方式处理的程序:

```
//主程序
#include <reg51.h>          //包含特殊功能寄存器库
sbit P1_0=P1^0;
void main()
{
//定时器初始化
  TMOD=0x02;
  TH0=0x06;
  TL0=0x06;
  EA=1;
  ET0=1;
  TR0=1;
  while(1);                 //等待中断
}
//中断服务程序
```

```
void time0_int(void) interrupt 1          //定时/计数器 0 的中断服务程序
{
    P1_0=! P1_0;
}
```

定时的时间在 $256\mu s$ 以内,用方式 2 处理很方便。如果定时的时间大于 $256\mu s$,则此时用方式 2 不能直接处理。如果定时的时间小于 $8192\mu s$,则可用方式 0 直接处理。如果定时的时间小于 $65536\mu s$,则可用方式 1 直接处理。方式 0 和方式 1 与方式 2 的不同在于定时时间到后需重新置初值。如果定时时间大于 $65536\mu s$,用一个定时/计数器直接处理不能实现,这时可用两个定时/计数器共同处理或一个定时/计数器配合软件计数方式处理。

【例 6-4】若单片机晶振为 6MHz,定时/计数器 1 以方式 1 工作,试编写一个延时 1s 的子程序。

解:定时/计数器 1 的最大定时时间为:
$$T_{max}=2^{16}\times2\mu s=131.072ms$$

我们就用定时器获得 100ms 的定时时间再加 10 次循环得到 1s 的延时,先计算 100ms 定时的定时初值:
$$X=2^{16}-100ms/2\mu s=15536=3CB0H$$

方式寄存器 TMOD=10H

处理程序如下:

```
#include <reg51.h>     //包含特殊功能寄存器库
#define uchar unsigned char
#define uint unsigned int
//延时子程序
void delay(uchar n)
{
    while(n)
    {
        TH1=0x3C;
        TL1=0xB0;
        TR1=1;
        while(! TF1);
        TF1=0;
        n——;
    }
    TR1=0;
}
//主程序
void main()
{
    TMOD=0x10;
```

```
   delay(10);
}
```

【例 6 - 5】设系统时钟频率为 12MHz,编程实现从 P1.1 输出周期为 1s 的方波。

解：从 P1.0 输出周期为 1s 的方波,需产生 500ms 的周期性的定时,定时时间到则对 P1.1 取反就可实现。由于定时时间较长,一个定时/计数器不能直接实现,可用定时/计数器 0 产生周期性为 10ms 的定时,然后变量对 10ms 计数 50 次或用定时/计数器 1 对 10ms 计数 50 次实现。系统时钟为 12MHz,定时/计数器 0 定时 10ms,计数值 N 为 10000,只能选方式 1,方式控制字为 00000001B(01H),初值 X 为

$$X = 65536 - 10000 = 55536 = 1101100011110000B$$

则 $TH0 = 11011000B = D8H, TL0 = 11110000B = F0H$。

(1) 采用全局变量作软件计数,计算并判断中断次数实现：

```
#include <reg51.h>     //包含特殊功能寄存器库
sbit P1_1=P1^1;
unsigned char i;
void main()
{
    TMOD=0x01;
    TH0=0xD8;
    TL0=0xf0;
    EA=1;
    ET0=1;
    i=0;
    TR0=1;
    while(1);
}
void time0_int(void) interrupt 1     //中断服务程序
{
    TH0=0xD8;
    TL0=0xf0;
    i++;
    if (i= =50)
    {
        P1_1=! P1_1;
        i=0;
    }
}
```

(2)采用定时/计数器 1 对定时/计数器 0 的定时时间进行计数实现

当定时/ 计数器 0 时间到(10ms)一次,就用程序对 T1(P3.5)进行一次变反,这样 T1 端就有一个周期为 20 ms 的方波输入。那么,将定时/计数器 1 设置为计数方式,计数 25 次就能

产生 500ms 的定时时间。

设定时/计数器 1 工作于方式 2,计数初值 X=256−25=231= 11100111B=E7H,那么,TH1=TL1=E7H。因为定时/计数器 0 工作于方式 1 的定时方式,则这时方式控制字为 01100001B(61H)。定时/计数器 0 和定时/计数器 1 都采用中断方式工作。处理程序如下:

```c
#include <reg51.h>              //包含特殊功能寄存器库
sbit P1_1=P1^1;
sbit P3_5=P3^5;
void main()
{
  TMOD=0x61;
  TH0=0xD8;TL0=0xf0;
  TH1=0xE7; TL1=0xE7;
  EA=1;
  ET0=1;
  ET1=1;
  TR0=1;
  TR1=1;
  while(1);
}
void time0_int(void) interrupt 1       //定时/计数器 0 中断服务程序
{
  TH0=0xD8;
  TL0=0xf0;
  P3_5=! P3_5;                          //对 T1(P3.0)变反,产生方波输入
}
void time1_int(void) interrupt 3       //定时/计数器 1 中断服务程序
{
  P1_1=! P1_1;
}
```

【例 6-6】用 T0 监视一生产流水线,每生产 100 个工件,发出一包装命令,包装成一箱,并记录其箱数。

解:硬件电路如图 6.7 所示。

用定时/计数器 0 作计数器,D1 为红外发光二极管,D2 为红外光敏二极管,接收到 D1 发出的红外光照射时导通,这样,每通过一个工件,电路便产生一个脉冲,由 T0 端输入。

(1) 方式字 TMOD=06H (选定定时/计数器 0 为计数器方式,工作于方式 2);

(2) 计数初值 X=M−100=2^8−100=9CH;

(3) 用 P1.0 启动外设发包装命令;

(4) 用全局变量 count 作箱数计数器。

```c
#include <reg51.h>              //包含特殊功能寄存器库
```

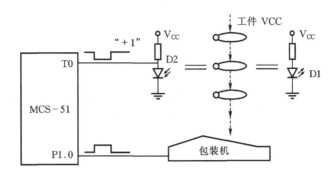

图 6.7　用 T0 作计数器硬件电路

```
sbit P1_0＝P1^0;
unsigned int count;
void main()
{
    P1_0＝0;
    count＝0;                        //箱数计数器清 0
    TMOD＝0x06;                      //置定时/计数器 0 工作方式
    TH0＝0x9C;
    TL0＝0x9C;                       //计数初值送计数器
    EA＝1;
    ET0＝1;
    TR0＝1;                          //启动定时/计数器 0
while(1);
}
void time0_int(void) interrupt 1    //定时/计数器 0 中断服务程序
{
    unsigned char i;
    count＝count＋1;                 //箱数计数器加 1
    P1_0＝1;                         //启动外设包装
    for(i＝0;i<100;i＋＋);           //给外设足够时间
    P1_0＝0;                         //停止包装
}
```

习题

1. MCS－51 系列单片机内部有几个定时/计数器? 它们分别有几种操作方式,如何选择和设定?

2. MCS－51 系列单片机定时方式和计数方式的区别是什么?

3. 试说明方式寄存器 TMOD 和控制寄存器 TCON 各位的功能。

4. 当系统的外部中断不够用时,常把定时器作为外部中断,假设定时/计数器 0 用作外部中断,写出其初始化程序。

5. 设晶振主频为 12MHz,定时 1 分钟,必须用到定时/计数器 0,试设计方案并编程序。

6. 晶振主频为 12MHz,要求 P1.0 输出周期为 1ms 对称方波;要求 P1.1 输出周期为 3ms 不对称方波,占空比为 1:2(高电平短、低电平长),试用定时器的方式 1 编程。

第 7 章　串行通信

7.1　基本概念

7.1.1　并行通信与串行通信

实际应用中,计算机的 CPU 与其外部设备之间常常要进行信息的交换,计算机之间也需要交换信息,所有这些信息的交换均称为"通信"。

通信的基本方式可分为并行通信和串行通信两种。

并行通信是指数据的各位同时进行传送的方式,如图 7.1(a)所示。其特点是传输速度快,但当距离较远、位数又多时导致了通信线路复杂且成本高。

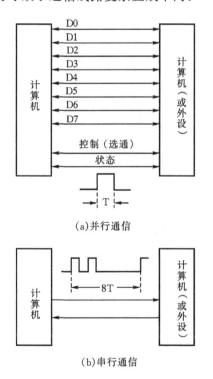

(a)并行通信

(b)串行通信

图 7.1　通信的基本方式

串行通信是指数据一位一位地顺序传送的通信方式,如图 7.1(b)所示。其特点是通信线路简单,只要一对传输线就可以实现通信,并可以利用电话线,从而大大地降低了成本,特别适用于远距离通信,但传送速度慢。

7.1.2 串行通信的两种基本方式

串行通信本身又分为异步传送和同步传送两种基本方式。

1. 异步传送

在异步传送中,每一个字符要用起始位和停止位作为字符开始和结束的标志,它是以字符为单位进行发送和接收的。

异步传送时,每个字符的组成格式如图 7.2(a)所示。首先是一位起始位表示字符的开始;后面紧跟着的是字符的数据字,数据字可以是 8 或 9 位数据,在数据字中可根据需要加入奇偶校验位,最后是停止位,其长度可以是一位、一位半或两位。所以,串行传送的数据字加上成帧信号起始位和停止位就形成一个字符串行传送的帧。起始位用逻辑 0 表示,停止位用逻辑 1 表示。图 7.2(a)所示是数据字为 7 位(或 8 位),第 8 位(或第 9 位)是奇偶校验位,加上起始位、停止位,一个字符由 10 位(或 11 位)组成。这样加上成帧信号后,字符便可以一个接一个地传送了。

在异步传送中,字符间隔不固定,在停止位后可以加空闲,空闲位用高电平表示,用于等待传送。这样,接收和发送即可以随时地或间断地进行,而不受时间的限制。图 7.2(b)为有空闲位的情况。

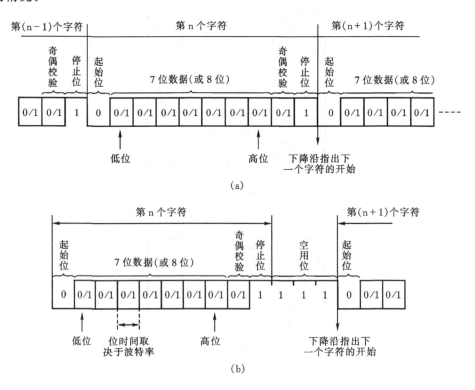

图 7.2 异步通信的格式

在异步数据传送中,CPU 与外设之间事先必须约好两项事宜:

（1）字符格式。双方要约好字符的编码形式、奇偶校验形式以及起始位和停止位的规定。

（2）波特率。波特率是衡量数据传送速率的指标，它要求发送站和接收站都要以相同的数据传送速率工作。

波特率是指串行通信中，单位时间传送的二进制位数，单位为 bps。假设数据传送的速率是 100 字符/秒，而每一个字符假如为 10 位，则其传送的波特率为：

10 位/字符×100 字符/秒＝1000 位/秒＝1000 bps

简而言之，传送采用二进制电平时，"波特率"就是每秒传送多少位。1000bps，就意味着每秒可以传送 1000 位。而每一位的传送时间 T_d 就是波特率的倒数，如上例中，则为

$$T_d = \frac{1}{1000} = 1ms$$

应注意，波特率和有效数据位的传送速率并不一致。例如，上述 10 位中，真正有效的数据位只有 7 位。所以，有效数据位的传送速率只有

$7×100＝700bps$

此外，波特率也是衡量传输通道频宽的一个指标。

异步通信的传送速率一般在 50～9600 bps 之间，常用于计算机到 CRT 终端和字符打印机之间的通信、直通电报以及无线电通信的数据发送等等。

2. 同步传送

所谓同步传送就是去掉异步传送时每个字符的起始位和停止位的成帧标志信号，仅在数据块开始处用同步字符来指示，如图 7.3 所示。很显然，同步传送的有效数据位传送速率高于异步传送，可达 50kbps，甚至更高。其缺点是硬件设备较为复杂，因为它要求要用时钟来实现发送端和接收端之间的严格同步，而且对同步时钟脉冲信号的相位一致性还要求非常严格，为此通常还要采用"锁相器"等措施来保证。

SYN 字符＃1　　SYN 字符＃2　　数据

图 7.3　同步传送

7.1.3　串行通信中数据的传送方向

一般情况下，串行数据传送是在两个通信端之间进行的。其数据传送的方向有如图 7.4 所示的几种情况。

图 7.4(a)为单工通信方式。A 端为发送站，B 端为接收站，数据仅能从 A 站发至 B 站。

图 7.4(b)为半双工通信方式。数据可以从 A 发送到 B，也可以由 B 发送到 A。不过同一时间只能作一个方向的传送，其传送方式由收发控制开关 K 来控制。

图 7.4(c)为全双工通信方式。每个站(A、B)既可同时发送，又可同时接收。

图 7.4 所示的通信方式都是在两个站之间进行的，所以也称为点-点通信方式。图 7.5 所示为主从多端通信方式。A 站可以向多个终端(B、C、D…等)发出信息。在 A 站允许的条件

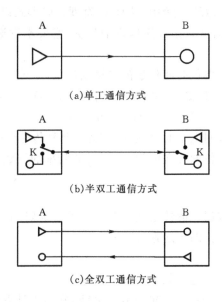

图 7.4　点-点串行通信方式

下,可以控制管理 B、C、D…等站在不同的时间向 A 站发出信息。又根据数据传送的方向分为多终端半双工通信和多终端全双工通信。这种多端通信方式常用于主－从计算机系统通信中。

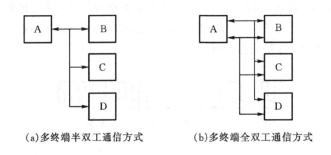

(a)多终端半双工通信方式　　　　　(b)多终端全双工通信方式

图 7.5　主从多终端通信方式

7.2　MCS–51 单片机串行口

7.2.1　MCS–51 串行口功能

MCS–51 单片机具有一个全双工的串行异步通信接口,可以同时发送、接收数据,发送、接收数据可通过查询或中断方式处理,使用十分灵活,能方便地与其它计算机或串行传送信息的外部设备(如串行打印机、CRT 终端)实现双机、多机通信。

它有四种工作方式,分别是方式 0、方式 1、方式 2 和方式 3。

方式 0:称为同步移位寄存器方式,一般用于外接移位寄存器芯片扩展 I/O 接口。

方式 1：8 位的异步通信方式，通常用于双机通信。

方式 2 和方式 3：9 位的异步通信方式，通常用于多机通信。

不同的工作方式，它的波特率不一样。

7.2.2　MCS-51 串行口寄存器

1. 串行口控制寄存器 SCON

SCON 的字节地址为 98H，可位寻址，位地址为 98H～9FH。格式为：

SCON	SM0	SM1	SM2	REN	TB8	RB8	TI	RI	字节地址 98H
位地址	9FH	9EH	9DH	9CH	9BH	9AH	99H	98H	

包括方式选择位、接收发送控制位及中断状态标志位。

SM0、SM1：串行口工作方式选择位，如表 7.1 所示。

表 7.1　SM0 SM1 工作方式选择

SM0 SM1	方式	功能说明	波特率
0　0	0	移位寄存器方式	fosc/12
0　1	1	8 位 UART	可变（由定时/计数器 1 溢出率决定）
1　0	2	9 位 UART	Fosc/64 或 Fosc/32
1　1	3	9 位 UART	可变（由定时/计数器 1 溢出率决定）

SM2：允许方式 2、方式 3 多机通信控制位。在方式 2 或方式 3 中，如 SM2＝1，则接收到的第 9 位数据（RB8）为 0 时，不启动接收中断标志 RI(RI＝0)。当接收到的第 9 位数据（RB8）为 1 时，则启动接收中断 RI(RI＝1)。如果 SM2＝0，则接收到的第 9 位数据（RB8）无论为 1 或 0 均启动 RI(RI＝1)。在方式 1 时，如 SM2＝1，则只有在接收到有效停止位时才启动 RI，若没有接收到有效停止位，则 RI 为 0。如果不是多机通信，则无论串行口工作在方式 0、1、2、3 时，一般 SM2 都置为 0。

REN：允许接收控制位。由软件置 1 时，允许接收；由软件置 0 时，禁止接收。

TB8：在方式 2 和方式 3 中要发送的第 9 位数据。需要时由软件置位或复位。

RB8：在方式 2 和方式 3 中是接收到的第 9 位数据。在方式 1 时，如 SM2＝0，RB8 是接收到的停止位。在方式 0 中，不使用 RB8。

TI：发送中断标志。由硬件在方式 0 串行发送数据第 8 位结束时置 1，或在其它方式中串行发送停止位的开始时置 1。向 CPU 申请中断或供 CPU 查询。必须由软件清 0。

RI：接收中断标志。由硬件在方式 0 接收到数据第 8 位结束时置 1，或其它方式接收到停止位的中间时置 1。向 CPU 申请中断或供 CPU 查询。必须由软件清 0。

在系统复位时，SCON 的所有位都被清零。

2. 波特率选择寄存器 PCON

PCON 的字节地址为 87H，没有位寻址功能。与串行口有关的只有 PCON 的最高位。

SMOD：波特率选择位。当 SMOD＝1 时，串行口方式 1、方式 2、方式 3 的波特率加倍。

	D₇	D₆	D₅	D₄	D₃	D₂	D₁	D₀	

PCON	SMOD								字节地址 87H

3. 数据缓冲寄存器 SBUF

串行口中有两个物理空间上各自独立的发送缓冲寄存器和接收缓冲寄存器。这两个缓冲寄存器公用一个地址 99H，发送缓冲寄存器只能写不能读，接收缓冲寄存器只能读不能写。接收缓冲寄存器具有双缓冲性，以避免在接收下一帧数据之前，CPU 未能及时响应接收器中断，没有把上一帧数据读走而产生两帧数据重叠问题。对于发送缓冲寄存器，为了保持最大传送速率，一般为单缓冲型，因为发送时 CPU 是主动的，不会产生写重叠问题。

7.2.3 串行口工作方式

MCS-51 单片机的串行口有 4 种工作方式，由串行口控制寄存器 SCON 中的 SM0 和 SM1 决定。

1. 方式 0

方式 0 为移位寄存器输入/输出方式，可外接移位寄存器，以扩展 I/O 口，也可接同步输入/输出设备。按方式 0 工作，波特率是固定的，为 fosc/12。这时数据的传送，无论是输入还是输出，均通过引脚 RXD(P3.0)端，移位同步脉冲由 TXD(P3.1)输出。发送/接收一帧数据为 8 位二进制数，低位在前，高位在后。

(1) 方式 0 发送过程：

在 TI=0 时，当 CPU 执行一条向 SBUF 写数据的命令时，就启动发送过程。经过一个机器周期，写入发送数据寄存器中的数据按低位在前，高位在后从 RXD 依次发送出去，同步时钟从 TXD 送出。8 位数据(一帧)发送完毕后，由硬件使发送中断标志 TI 置位，向 CPU 申请中断。如果再次发送数据，必须用软件将 TI 清零，并再次执行写 SBUF 命令。

(2) 方式 0 接收过程：

在 RI=0 的条件下，将 REN(SCON.4)置"1"就启动一次接收过程。串行数据通过 RXD 接收，同步移位脉冲通过 TXD 输出。在移位脉冲的控制下，RXD 上的串行数据依次移入移位寄存器。当 8 位数据(一帧)全部移入移位寄存器后，接收控制器发出"装载 SBUF"信号，将 8 位数据并行送入接收数据缓冲器 SBUF 中，同时，由硬件使接收中断标志 RI 置位，向 CPU 申请中断。CPU 响应中断后，从接收数据寄存器中取出数据，然后用软件使 RI 复位，使移位寄存器接受下一帧信息。

2. 方式 1

方式 1 为 8 位异步通信方式，在方式 1 下，一帧信息为 10 位：1 位起始位(0)，8 位数据位(低位在前)和 1 位停止位(1)。TXD 发送数据端，RXD 为接收数据端。波特率可变，由定时/计数器 1 的溢出率和波特率选择寄存器 PCON 中的 SMOD 位决定。即：

波特率 = $2^{\text{SMOD}}/32 \times$ (定时/计数器 1 的溢出率)。

因此在方式 1 时，需对定时/计数器 1 进行初始化。

(1) 方式 1 发送过程：

在 TI=0 时，当 CPU 执行一条向 SBUF 写数据的命令时，就启动了发送过程。数据由

TXD 引脚送出,发送时钟由定时/计数器 1 送来的溢出率经过 16 分频或 32 分频后得到,在发送时钟的作用下,先通过 TXD 端送出一个低电平的起始位,然后是 8 位数据(低位在前),其后是一个高电平的停止位,当一帧数据发送完毕后,由硬件使发送中断标志 TI 置位,向 CPU 申请中断,完成一次发送过程。

(2) 方式 1 接收过程:

当允许接收控制位 REN 被置 1,接收器就开始工作,由接收器以所选波特率的 16 倍速率对 RXD 引脚上的电平进行采样。当采样从 1 到 0 的负跳变时,启动接收控制器开始接收数据。在接收移位脉冲的控制下依次把所接收的数据移入移位寄存器,当 8 位数据及停止位全部移入后,根据以下状态,进行响应操作。

① 如果 RI＝0、SM2＝0,接收控制器发出"装载 SBUF"信号,将输入移位寄存器中的 8 位数据装入接收数据寄存器 SBUF,停止位装入 RB8,并置 RI＝1,向 CPU 申请中断。

② 如果 RI＝0、SM2＝1,那么只有停止位为 1 才发生上述操作。

③ RI＝0、SM2＝1 且停止位为 0,所接收的数据不装入 SBUF,数据将会丢失。

④ 如果 RI＝1,则所接收的数据在任何情况下都不装入 SBUF,即数据丢失。

无论出现哪种情况,接收控制寄存器都将继续采样 RXD 引脚,以便接收下一帧信息。

3. 方式 2 和方式 3

方式 2 和方式 3 时都为 9 位异步通信接口,接收和发送一帧信息长度为 11 位,即 1 个低电平的起始位,9 位数据位,1 个高电平的停止位。发送的第 9 位数据放于 TB8 中,接收的第 9 位数据放于 RB8 中。TXD 为发送数据端,RXD 为接收数据端。方式 2 和方式 3 的区别在于波特率不一样,其中方式 2 的波特率只有两种:fosc/32 或 fosc/64,方式 3 的波特率与方式 1 的波特率相同,由定时/计数器 1 的溢出率和波特率选择寄存器 PCON 中的 SMOD 位决定,即:

波特率＝2^{SMOD}/32×(定时/计数器 1 的溢出率)。

在方式 3 时,也需要对定时/计数器 1 进行初始化。

(1) 方式 2 和方式 3 发送过程:

方式 2 和方式 3 发送的数据为 9 位,其中发送的第 9 位在 TB8 中,在启动发送之前,必须把要发送的第 9 位数据装入 SCON 寄存器中的 TB8 中。准备好 TB8 后,就可以通过向 SBUF 中写入发送的字符数据来启动发送过程,发送时前 8 位数据从发送数据寄存器中取得,发送的第 9 位从 TB8 中取得。一帧信息发送完毕,置 TI 为 1。

(2) 方式 2 和方式 3 接收过程:

方式 2 和方式 3 的接收过程与方式 1 类似,当 REN 位置 1 时也启动接收过程,所不同的是接收的第 9 位数据是发送过来的 TB8 位,而不是停止位,接收到后存放到 SCON 中的 RB8 中,对接收完否的判断也是用接收的第 9 位,而不是用停止位。其余情况与方式 1 相同。

7.2.4　串行口的波特率

根据串行口的四种工作方式可知:

方式 0 为移位寄存器方式,波特率是固定的。其波特率为 fosc/12。

方式 2 为 9 位 UART,波特率为 fosc×2^{SMOD}/64。

波特率仅与 PCON 中 SMOD 的值有关,当 SMOD＝0 时,波特率为 fosc/64,当 SMOD＝1

时,波特率为 fosc/32。

方式 1 和方式 3 的波特率是可变的,由定时器 1 的溢出速率控制。

方式 1 和方式 3 波特率为定时/计数器 1 溢出率 $\times 2^{\text{SMOD}}/32$

其中当 SMOD=0 时,波特率为(定时/计数器 1 溢出率)/32,当 SMOD=1 时,波特率为(定时/计数器 1 溢出率)/16。

定时/计数器 1 的溢出率定义为单位时间内定时/计数器 1 溢出的次数。即每秒钟时间内溢出多少次。

在串行通信时,定时/计数器 1 作波特率发生器,经常采用 8 位自动装载方式(方式 2),这样不但操作方便,也可避免重装时间常数带来的定时误差,并且定时/计数器 0 可使用方式 3,这时定时/计数器 1 作波特率发生器,定时/计数器 0 可拆为两个 8 位定时/计数器用。

7.3　串行口编程举例

7.3.1　串行口的初始化编程

在 MCS-51 单片机串行口使用之前必须先对它进行初始化编程。初始化编程是指设定串口的工作方式、波特率,启动它发送和接收数据。初始化编程过程如下:

1. 串行口控制寄存器 SCON 位的确定

根据工作方式确定 SM0、SM1 位;对于方式 2 和方式 3 还要确定 SM2 位;如果是接收端,则置允许接收位 REN 为 1;如果方式 2 和方式 3 发送数据,则应将发送数据的第 9 位写入 TB8 中。

2. 设置波特率

对于方式 0,不需要对波特率进行设置。

对于方式 2,设置波特率仅须对 PCON 中的 SMOD 位进行设置。

对于方式 1 和方式 3,设置波特率不仅须对 PCON 中的 SMOD 位进行设置,还要对定时/计数器 1 进行设置。这时定时/计数器 1 一般工作于方式 2(8 位可重置方式),初值可由下面公式求得:

由于　波特率=(定时/计数器 1 溢出率)$\times 2^{\text{SMOD}}/32$

则　　定时/计数器 1 的溢出率=波特率$\times 32/2^{\text{SMOD}}$

而定时/计数器 1 工作于方式 2 时,溢出一次的时间为

(256-初值)$\times 12/\text{fosc}$

因此,溢出率可由下式表示:

定时/计数器 1 的溢出率=$\text{fosc}/[12\times(256-\text{初值})]$

所以

定时/计数器 1 的初值=$256 - \text{fosc}\times 2^{\text{SMOD}}/(12\times\text{波特率}\times 32)$

7.3.2　串行口的应用

串行口通常用于三种情况:利用方式 0 扩展并行 I/O 口;利用方式 1 实现点对点的双机通

信;利用方式 2 或方式 3 实现多机通信。

1. 利用方式 0 扩展并行 I/O 接口

【例 7 - 1】串行口扩展应用。图 7.6 为用串行口扩展 I/O 硬件逻辑图。74LS164 为串入并出移位寄存器,74LS165 为并入串出移位寄存器。

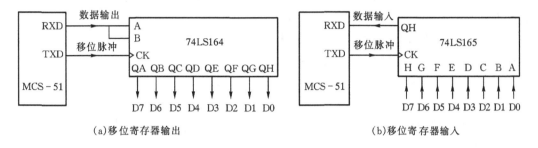

(a)移位寄存器输出   (b)移位寄存器输入

图 7.6 串行口扩展 I/O 硬件逻辑图

(1) 数据输出方式,程序如下:

```
#include <reg51.h>              //包含特殊功能寄存器库
void main()
{
    unsigned char j;
    SCON=0x00;
    j=0x01;                     //j 为输出的数据
    SBUF=j;
    while (! TI) { ;}
    TI=0;
}
```

(2) 数据输入方式,设数据已在 74LS165 中,程序如下:

```
#include <reg51.h>              //包含特殊功能寄存器库
void main()
{
    unsigned char i;
    SCON=0x10;
    while (! RI) { ;}
    i=SBUF;                     //i 为输入的数据
    RI=0;
}
```

此例中,数据无论是输入还是输出方式,串行口外部仅接了一个芯片。在实际应用中,根据情况可与多个芯片串接。以充分发挥用串行口扩展 I/O 口之功能。

2. 利用方式 1 实现点对点的双机通信

【例 7 - 2】采用中断方式编程实现甲、乙两台单片机通过串行口通信的程序。

　　设甲机发送，发送数据存放在缓冲区 buf1[20]中；乙机接收，接收数据存放在缓冲区 buf2[20]中；振荡频率为 12MHz，波特率为 1200bps。

　　甲、乙两机都选择方式 1,8 位异步通信方式，因此甲机的串口控制字为 40H，乙机的串口控制字为 50H。

　　由于选择的是方式 1，波特率由定时/计数器 1 的溢出率和波特率选择寄存器 PCON 中的 SMOD 位决定，则须对定时/计数器 1 初始化。

　　设 SMOD=0，定时/计数器 1 选择为方式 2，则初值为

$$初值＝256－fosc×2^{SMOD}/(12×波特率×32)$$
$$＝256－12000000/(12×1200×32)≈230＝E6H$$

根据要求定时/计数器 1 的方式控制字为 20H。

注意：在串行中断服务程序中要设置清除中断标志命令，否则将产生另一个中断。

（1）甲机发送程序：

```
#include <reg51.h>              //包含特殊功能寄存器库
unsigned char idata buf1[20];
unsigned int i;
void main()
{
    SCON=0x40;                 //置串行口工作方式 1
    PCON=0x00;                 //置 SMOD=0
    TMOD=0x20;                 //置定时/计数器 1 工作方式 2
    TH1=0xE6;
    TL1=0xE6;                  //产生 1200 波特率的时间常数
    EA=1;                      //开中断
    ES=1;                      //串行口开中断
    TR1=1;                     //启动定时/计数器 1
    SBUF=buf1[0];              //发送第一个数据（启动串行口发送）
    i=1;
    while(1);                  //等待中断
}
void uart1(void) interrupt 4   //串行口中断服务程序
{
    TI=0;                      //清中断标志
    if (i= =20)
      {
        ES=0;                  //串行口关中断
      }
    else
      {
        SBUF=buf1[i];          //发送下一个数据（再次启动串行口发送）
```

```
        i＝i+1；
    }
}
```

（2）乙机接收程序：

```
＃include ＜reg51.h＞              //包含特殊功能寄存器库
unsigned char idata buf2[20]；
unsigned int j；
void main()
{
    SCON＝0x50；                 //置串行口工作方式1,允许接收
    PCON＝0x00；                 //置 SMOD＝0
    TMOD＝0x20；                 //置定时/计数器1工作方式2
    TH1＝0xE6；
    TL1＝0xE6；                  //产生1200波特率的时间常数（与发送端相同）
    EA＝1；                      //开中断
    ES＝1；                      //串行口开中断
    TR1＝1；                     //启动定时/计数器1
    j＝0；
    while(1)；                   //等待中断
}
void uart2(void) interrupt 4    //串行口中断服务程序
{
    RI＝0；                      //清中断标志
    if (j＝＝20)
        {
        ES＝0；                  //串行口关中断
        }
    else
        {
        buf2[j]＝SBUF；          //接收数据送缓冲区
        j＝j+1；
        }
}
```

【例 7-3】采用查询方式编程实现甲、乙两台单片机通过串行口通信的程序。

方式设置、波特率计算同例 6-2。另外，为了保持通信的畅通与准确，在通信中双机作如下约定：通信开始时，甲机首先发送一个信号 55H，乙机接收到后，回答一个信号 AAH，表示同意接收。甲机收到 AAH 后，就可以发送数据了。假设数据发送完后发送一个校验和。乙机接收到数据后，存入缓冲区并用接收的数据产生校验和与接收的校验和相比较，如相同，乙机发送 00H，回答接收正确；如不同，则发送 FFH，请求甲机重发。

　　由于甲、乙两机都要发送和接收信息，所以甲、乙两机的串口控制寄存器的 REN 位都应设为 1，方式控制字都为 50H。

　　(1) 甲机发送程序：

```
#include <reg51.h>                  //包含特殊功能寄存器库
unsigned char idata buf1[20];
unsigned char sum_pf;
void main()
{
    unsigned char i;
    SCON=0x50;                      //置串行口工作方式1
    PCON=0x00;                      //置 SMOD=0
    TMOD=0x20;                      //置定时/计数器1工作方式2
    TH1=0xE6;
    TL1=0xE6;                       //产生1200波特率的时间常数
    TR1=1;                          //启动定时/计数器1
    do {
        SBUF=0x55                   //发送联络信号
        while (TI= =0);
        TI=0;
        while (RI= =0);             //等待乙机回答
        RI=0;
    } while(SBUF! =0xAA);           //乙机未准备好;继续联络
    do {
        sum_pf=0;
        for(i=0;i<20;i++)
        {
            SBUF=buf1[i]            //发送一个数据
            sum_pf+=buf1[i];        //求校验和
            while (TI= =0);
            TI=0;
        }
        SBUF=sum_pf                 //发送校验和
        while (TI= =0);
        TI=0;
        while (RI= =0);             //等待乙机应答
        RI=0;
    } while(SBUF! =0);              //乙机应答出错,则重发
}
```

（2）乙机接收程序：

```c
#include <reg51.h>                //包含特殊功能寄存器库
unsigned char idata buf2[20];
unsigned char sum_pf;
void main()
{
    unsigned char i;
    SCON=0x50;                    //置串行口工作方式1
    PCON=0x00;                    //置 SMOD=0
    TMOD=0x20;                    //置定时/计数器1工作方式2
    TH1=0xE6;
    TL1=0xE6;                     //产生1200波特率的时间常数
    TR1=1;                        //启动定时/计数器1
    do {
        while (RI= =0);
        RI=0;
    } while(SBUF! =0x55);         //判断甲机是否请求
    SBUF=0xAA;                    //发送应答信号
    while (TI= =0);
    TI=0;
    while(1)
    {
        sum_pf=0;
        for(i=0;i<20;i++)
        {
            while (RI= =0);
            RI=0;
            buf2[i] =SBUF             //接收一个数据
            sum_pf+=buf2[i];          //求校验和
        }
        while (RI= =0);              //接收甲机发送校验和
        RI=0;
        if  (SBUF! =sum_pf)          //比较校验和
            SBUF=0x00;
        else
            SBUF=0xFF;
        while (TI= =0);              //发送正确信号
        TI=0;
    }
```

```
}
```

3. 利用方式 2 或方式 3 实现多机通信

　　串行口方式 2、方式 3 常用于多机通信,如果采用主从式构成多机系统,多台从机可以减轻主机的工作负担,构成廉价的分布式多机系统。结构如图 7.7 所示。主机与从机之间可以双向通信,从机之间只有通过主机才能通信。

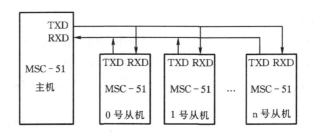

图 7.7　主从式结构的多机系统

　　串行口方式 2 或方式 3 数据帧的第 9 位是可编程位,可利用程序灵活改变 TB8 的状态。接收时,当接收机的 SM2＝1 时,只有接收到的 RB8＝1,才能置位 RI,接收数据才有效,而当接收机 SM2＝0 时,无论收到的 RB8 是 0 还是 1 都能置位 RI,接收到的数据有效。利用这种特点可实现多机通信。

　　设一台多机系统,有一个主机、三个从机,从机的地址编号为 00H,01H,02H。主从机设置相同的工作方式(方式 2 或方式 3)和相同的波特率。

　　主机首先发出要求通信的从机地址信号(00H,01H 或 02H),此时,TB8＝1,即发送地址帧时 TB8 一定为 1。而所有从机的 SM2 也都置为 1,且接收到的第 9 位 1 信号进入 RB8。因此,所有从机均满足 SM2＝1,RB8＝1 条件,都可激活 RI,进入各自的中断服务程序。在各自中断服务程序中,接收这个地址信号并识别这个地址,认同的从机置 SM2＝0,不同的从机 SM2＝1,保持不变。这样便为认同的从机与主机通信准备好必要条件(即 RI＝0 及 SM2＝0)。

　　此后,主机发送的为数据帧,此时,TB8＝0,从机接收到的数据帧,其第 9 位进入 RB8,即 RB8＝0。对于未被主机认同的从机,由于其 SM2＝1,而接收到的第 9 位使它的 RB8＝0,因此不能激活 RI,接收的数据帧自然丢失。唯有被主机选中的从机 SM2＝0,那么不管接收到的第 9 位为何值,都可激活 RI,接收数据有效,这样便完成主从机一对一的数据通信。

　　以上介绍的是多机通信的原理。利用方式 2、方式 3 来实现多机通信,如何编写主从机的初始化程序、中断服务子程序,要视系统的具体要求而定。

　　【例 7-4】 在图 7.7 中,假设主机与从机的系统时钟均为 12MHz,波特率为 1200,各从机的地址依次为 0~n。要求主机从其 P0 口接收从机号,并将内部数据存储器 40H 单元的内容发送到所选从机。从机接收到数据后,将数据保存在自己的内部数据存储器的 30H 单元中。

```
//主机程序
#include <reg51.h>                    //包含特殊功能寄存器库
data unsigned char Buffer_out  _at_ 0x40;//定义内部数据存储器
void main()
```

```
{
    SCON=0xE0;                          //置串行口工作方式 3
    PCON=0x00;                          //置 SMOD=0
    TMOD=0x20;                          //置定时/计数器 1 工作方式 2
    TH1=0xE6;
    TL1=0xE6;                           //产生 1200 波特率的时间常数
    TR1=1;                              //启动定时/计数器 1
    while(1)
      {
      TB8=1
      SBUF=P0;                          //接收从机地址并发送
      while (! TI) ;                    //等待地址发送结束
      TI=0;
      TB8=0
      SBUF= Buffer_out;                 //向从机发送数据
      while (! TI) ;                    //等待数据发送结束
      TI=0;
      }
}
//0 号从机程序,1~n 号从机程序只需要将从机号 0 改为 1~n 中的一个数
//从机的主程序
#include <reg51.h>                      //包含特殊功能寄存器库
data unsigned char Buffer_in   _at_ 0x30;      //定义内部数据存储器
void main()
{
    SCON=0xF0;                          //置串行口工作方式 3
    PCON=0x00;                          //置 SMOD=0
    TMOD=0x20;                          //置定时/计数器 1 工作方式 2
    TH1=0xE6;
    TL1=0xE6;                           //产生 1200 波特率的时间常数
    TR1=1;                              //启动定时/计数器 1
    SM2=1                               //准备接收地址
    EA=1;
    ES=1                                //开串行口中断
}
//从机的中断服务程序
void uart2(void) interrupt 4            //串行口中断服务程序
{
    if (RB8==1)                         //判断是否地址
```

```
{
if (SBUF==0)                        //与 0 号从机地址比较
  {
  SM2=0;                            //等待接收数据
  RI=0;
  }
}
else
{
Buffer_in=SBUF;                     //从机接收数据
RI=0;
SM2=1                              //准备接收地址
  }
}
```

4. PC 机与单片机的通信

计算机控制系统已逐步从单机控制发展成为多机控制,并出现了以计算机技术为核心,与数据通讯技术相结合的集检测、控制和管理为一体的计算机网络,即集中分布式测控系统。其中单片机作为从机,负责现场控制和实时数据的采集;PC 机作为主机,负责对各从机发来的数据进行分析、处理,并向各从机发布命令,以实现对工业现场的集中监控与管理。由于主从机需不断进行信息交流,因此通信成为分布式测控系统重要而基本的功能。

大部分 PC 机上都有串行口,可与单片机进行串行通信,实现分布监控系统。PC 机上的串行接口标准是 RS232 标准,其通讯距离小于 15 m,传输速率小于 20 kbps,若经过驱动与转接,距离会更长。RS232 标准是按负逻辑定义的,逻辑 1 电平在−5～−15 V 之间,逻辑 0 电平在+5～+15 V 之间。由于单片机使用的是 TTL 电平信号,因此数据输入、输出时必须进行电平转换,常用的转换是用芯片 HIN232 或 MAX232,图 7.8 是 PC 机与单片机连接的典型电路,多个单片机与 PC 机经串行口相连,可构成集管控于一体的分布式控制系统。

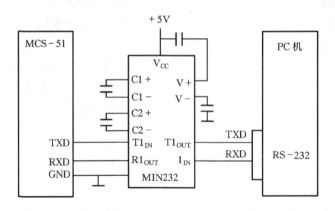

图 7.8　MCS-51 系列单片机与 PC 机串行通信连接图

在 PC 机与单片机连接后,通过编程可实现通信。单片机的通信程序可用 C51 编写,也可用汇编语言编写,与原来的通信程序一样。PC 机端的程序可由 VB、delph 等语言编写,详细程序参见相关书籍。

习题

1. 异步传送和同步传送有什么不同?

2. 单工、半双工和全双工通信方式有什么区别?

3. MCS-51 单片机串行口由哪些功能寄存器控制? 它们各有什么作用?

4. MCS-51 串行口有几种工作方式? 各自特点是什么?

5. 试述串行口方式 0 和方式 1 发送与接收的工作过程。

6. 设计一个发送程序,将 30H~3FH 的数据块从串行口输出。

7. 设串行口上外接一个串行输入的设备,MCS-51 和该设备之间采用 9 位异步通信方式,波特率为 2400,晶振为 11.0592MHz。编写接收程序。

第 8 章　单片机系统扩展

虽然单片机内部有丰富的硬件资源,但在复杂的应用系统中,片内的资源往往还是不能满足实际需求,需要扩展较大的存储容量和较多的 I/O 接口。因此,系统扩展包括两个方面:一是扩展存储器容量,二是扩展 I/O 接口。在存储器扩展时,P0、P2 和 P3 口用作系统总线,只有 P1 口作为真正的 I/O 口,应用系统中 I/O 接口就不够用,就需要进行 I/O 接口的扩展。

8.1　外部总线的扩展

8.1.1　外部总线的形成

在 MCS-51 单片机扩展系统中,P0 口作为 8 位数据线和地址低 8 位的复用信号,P2 口作为地址线的高 8 位,P3 口作为控制信号。在单片机访问外部存储器或外部 I/O 接口时,ALE 先由低电平变为高电平,P0 口发出地址的低 8 位,然后,ALE 变为低电平,P0 口用于传送数据。因此,在 P0 口上接一锁存器,利用 ALE 进行地址锁存,地址稳定后,P0 口用作数据总线。P2 口和 P3 口在整个访问周期保持不变,可直接用作地址总线的高 8 位和控制总线。MCS-51 单片机的外部总线形成如图 8.1 所示。通常用作单片机总线锁存器的芯片有74LS273、74LS373、8282 等。

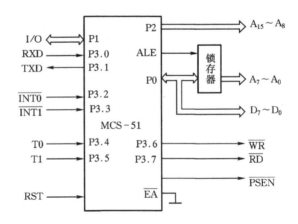

图 8.1　MCS-51 外部总线形成图

8.1.2　总线锁存器

1. 74LS273

74LS273 是一种带清除功能的 8D 触发器,其内部结构如图 8.2 所示,引脚分布如图 8.3 所示,每个触发器的功能如表 8.1 所示。1D~8D 为数据输入端,1Q~8Q 为数据输出端,正脉冲触发,低电平清除。

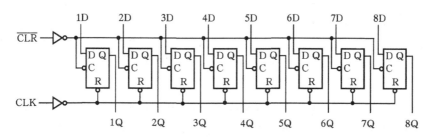

图 8.2　74LS273 内部结构图

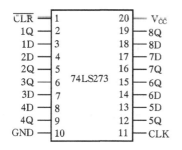

图 8.3　74LS273 引脚图

表 8.1　74LS273 功能表

输入			输出
$\overline{\text{CLR}}$	CLK	D	Q
L	×	×	L
H	↑	H	H
H	↑	L	L
H	L	×	Q_0

注:×表示无关

2. 74LS373

74LS373 是一种带有三态输出门的 8D 触发器,其内部结构如图 8.4 所示,引脚分布如图 8.5 所示,数据输入由允许端 G 控制,数据输出由数据输出控制端控制。1D~8D 为数据输入端,1Q~8Q 为数据输出端,每个触发器的功能如表 8.2 所示。

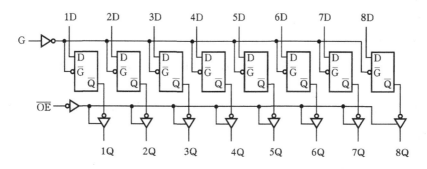

图 8.4　74LS373 内部结构图

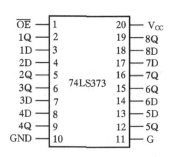

图 8.5 74LS373 引脚图

表 8.2 74LS373 功能表

输出控制	允许	输入	输出
$\overline{OE}$	G	D	Q
L	H	H	H
L	H	L	L
L	L	×	Q_0
H	×	×	高阻态

注:×表示无关

3. 8282

8282 是一种带有三态输出缓冲器的 8 位锁存器,其引脚和内部结构如图 8.6 所示,可用作锁存器、输出缓冲器和多路转换器。8282 总线驱动能力很强,能支持多种微处理器或单片机的工作。作为微处理器或单片机与外围设备连接时的中间接口,8282 有 20 个引脚,采用双列直插式封装,其内部由 8 个触发器和相应的门控电路组成。

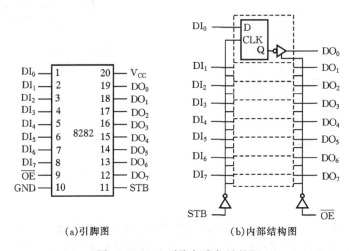

(a)引脚图   (b)内部结构图

图 8.6 8282 引脚与内部结构图

引脚说明如下:

$DI_7 \sim DI_0$:8 位数据输入线。

$DO_7 \sim DO_0$:8 位数据输出线。

STB:数据输入锁存选通信号,高电平有效。当该信号为高电平时,外部数据选通到内部锁存器,负跳变时,数据锁存。

$\overline{OE}$:数据输出允许信号,低电平有效。当该信号为低电平时,锁存器中的数据送到数据输出线。当该信号为高电平时,输出线为高阻态。

8.2 存储器扩展

由于 MCS-51 单片机内部存储器的容量较小,因此在实际使用时需要由外部扩展,存储器扩展包括外部程序存储器扩展和外部数据存储器扩展。

8.2.1 程序存储器的扩展

外部程序存储器一般由 EPROM、E²PROM 或 Flash 快闪存储器构成,其特点是掉电以后,信息不会丢失。在单片机开发装置中也可由 RAM 存储器构成,以便用户进行程序调试或修改。MCS-51 单片机与外部扩展的程序存储器硬件连线如图 8.7 所示。在 CPU 访问外部程序存储器时,P2 口输出地址的高 8 位,P0 口分时输出地址的低 8 位和传送指令字节。其定时波形如图 8.8 所示。

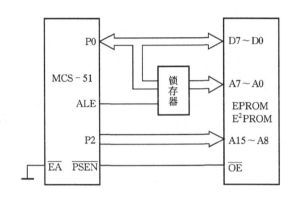

图 8.7 单片机与外部扩展的程序存储器硬件连接图

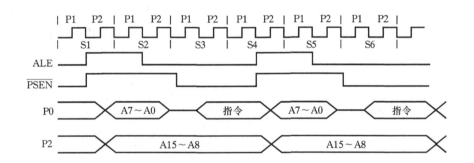

图 8.8 程序存储器的读时序

控制信号 ALE 上升沿时,P0 口输出地址的低 8 位,P2 口输出地址的高 8 位,由 ALE 的下降沿将 P0 输出的低 8 位地址经锁存器锁存,与外部程序存储器地址线的低 8 位相连,然后 P0 变为输入方式,等待从程序存储器读入的指令,P2 口输出的高 8 位地址不变。紧接着程序存储器的选通信号 $\overline{PSEN}$ 变为低电平,程序存储器中的内容经 P0 口读入 CPU 中。从图中可以看出,一个机器周期内 ALE 出现两次正脉冲,$\overline{PSEN}$ 选通信号出现两次负脉冲,说明一个机器周器可读两次程序存储器。

8.2.2 程序存储器的扩展举例

【例 8-1】 用 EPROM2764/27128 构成外部程序存储器。

　　用 2764/27128 构成外部程序存储器的硬件连接如图 8.9 所示,74LS273 用作低 8 位地址锁存器,片选信号由译码器产生,EPROM 的允许读信号由单片机的 $\overline{PSEN}$ 提供。两块 2764 和一块 27128 构成 32K 外部程序存储器。2764 为 8K×8 的存储器,图中,P2.5 没有与 2764 相连,因此 2764 工作时,P2.5 可为 0 或 1,这样,每片 2764 的地址范围为 16K,第一片 2764 的地址为 0000H~3FFFH,第二片 2764 的地址为 4000H~7FFFH。27128 为 16K×8 的存储器,地址为 8000H~BFFFH。

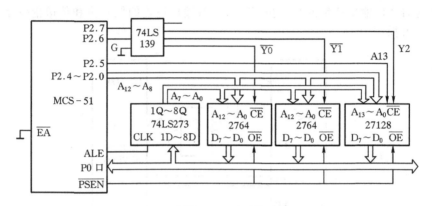

图 8.9　2764/27128 与单片机的连接

【例 8-2】用 EPROM27128/27256 构成外部程序存储器。

　　用 27128/27256 构成外部程序存储器的硬件连接如图 8.10 所示,低 8 位地址锁存器由 8282 构成,片选信号由 P2.7 提供。当 P2.7 为低电平时选择 27128,当 P2.7 为高电平时选择 27256,这种方式称为线选法。一块 27128 与一块 27256 构成 48K 外部程序存储器。

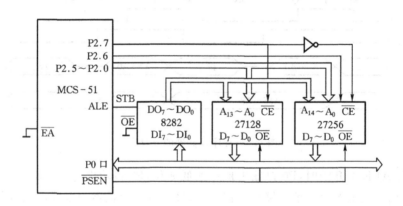

图 8.10　27128/27256 与单片机的连接

【例 8-3】用 E^2 PROM2864A 构成外部程序存储器。

　　2864A 与 2764 引脚相同,硬件连接也基本一样,如图 8.11 所示,区别仅在于引入了写命令,可电擦除,然后写入。在 2864A 内部设有"页缓冲器",因而可对其快速写入。写入时由内部提供全部定时,编程写入结束后可给出查询信号,以便查询写入是否结束。写入完成后,信息长期保存。

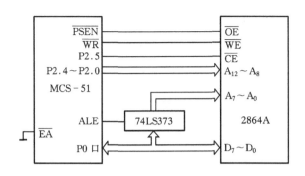

图 8.11 2864A 与单处机的连接

2864A 可按字节写入,也可按页写入。在按字节写入时,由 CPU 发字节写入命令,其内部锁存地址、数据和控制信号,然后启动一次写操作。若按页写入,16 个字节为一页,共 512 页。写入时分两步完成,首先把数据写入页缓冲器,称为"页加载"周期,然后在内部定时电路的控制下写入指定单元,称为"页存储"周期。在"页存储"期间,若对 2864A 读,则读出的是最后写入的字节。若"页存储"尚未结束,读出的是最后写入的字节的反码。这样,依此可判断"页存储"是否完成。另外在"页加载"周期还须注意一个字节的写入时间 t_{BLW} 满足:$3\mu s < t_{BLW} < 20\mu s$。

8.2.3 数据存储器的扩展

数据存储器用于存放临时数据,在许多大型数据采集系统中,内部数据存储器往往不够用,这就需要进行外部扩展,外部数据存储器一般由 RAM 存储器构成,常用的芯片有 6264、62128 和 62256 等。

MCS - 51 单片机与外部扩展的数据存储器硬件连线如图 8.12 所示。在 CPU 访问外部数据存储器时,P2 口输出地址的高 8 位,P0 口分时输出地址的低 8 位和传送数据,读、写信号分别由 P3.7 和 P3.6 提供。其定时波形如图 8.13 和图 8.14 所示。

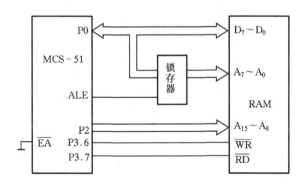

图 8.12 单片机与外部扩展的数据存储器硬件连线图

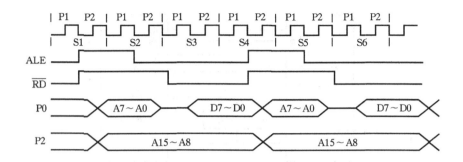

图 8.13　数据存储器的读时序

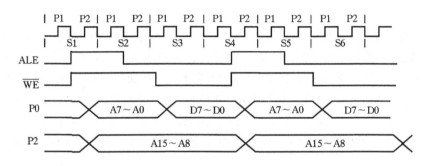

图 8.14　数据存储器的写时序

8.2.4　外部数据存储器的扩展举例

【例 8 - 4】用 6264/62128 构成外部数据存储器。

用 6264/62128 构成外部数据存储器的硬件连接如图 8.15 所示,74LS373 作为低 8 位地址锁存器,片选信号由译码产生,由两块 6264 和一块 62128 构成 32KB 的外部数据存储器。

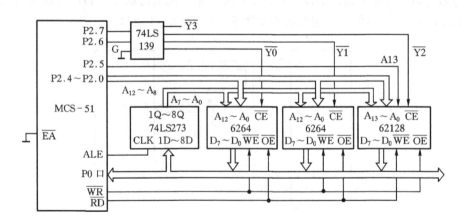

图 8.15　6264/62128 与单片机的连接

【例 8 - 5】用 62256 构成外部数据存储器。

用 62256 构成外部数据存储器的硬件连接如图 8.16 所示,选用 8282 作为低 8 位地址锁存器,片选信号由 P2.7 提供。两块 62256 构成 64K 的外部数据存储器。

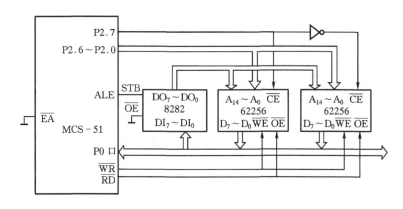

图 8.16　62256 与单片机的连接

8.2.5　外部程序/数据共用存储器

在单片机开发装置中往往需要一部分外部存储器既能随机取存数据又能存放程序,即程序/数据共用存储器。在程序存储器中,允许读信号由 $\overline{PSEN}$ 产生;在数据存储器中,允许读信号由 $\overline{RD}$ 产生。若把这两个信号进行逻辑"与",作为外部存储器的允许读信号,就可以使这部分存储器程序/数据共用。

【例 8-6】 用 62128 构成程序/数据共用存储器。

图 8.17 所示的是用 62128 构成的程序/数据共用存储器,这种方式构成外部存储器时,62128 既占用外部数据存储器地址空间,又占用外部程序存储器地址空间,因此外部总存储空间减小。

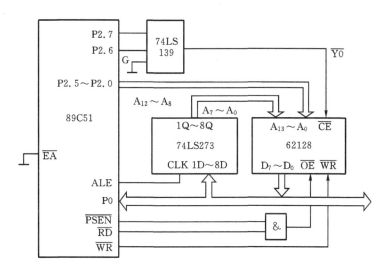

图 8.17　外部程序/数据共用存储器的连接

8.2.6　扩展存储器的编程应用

对存储器的编程在第 3 章中已做过介绍,下面以不同的形式对外部存储器的应用进行编程。

【**例 8 - 7**】假设有两个数组 a 和 b,每个数组包含有 10 个无符号整型数据,a 存放在内部数据存储器中,b 存放在外部数据存储器中,求数组之和,结果存放在数组 b 中。具体程序如下。

```
♯define uint unsigned int          //定义符号 uint 为数据类型符 unsigned int
uint data a[10]={100,200,99,80,50,20,19,67,12,123};   //定义数组 a
uint xdata b[10]={20,4500,66,980,70,10, 90, 70, 2,50}; //定义数组 b
void main(void)
{
    uint data * dp1;               //定义一个指向 data 区的指针 dp1
    uint xdata * dp2;              //定义一个指向 xdata 区的指针 dp2
    int i;
    dp1=&a;                        //dp1 指针赋值,指向数组 a
    dp2=&b;                        //dp2 指针赋值,指向数组 b
    for (i=0;i<10;i++)
    { * dp1= * dp1+ * dp2;         //数组元素求和
    dp1++;                         //修改指针
    dp2++;}
}
```

【**例 8 - 8**】假设在外部数据存储器的 0000H 开始的单元中有 100 个 8 位数,求最大值,并存放在变量 max 中。

```
♯define uchar unsigned char        //定义符号 uchar 为数据类型符 unsigned char
uchar xdata a[100] _at_ 0;         //定义数组 a
uchar max;                         //定义存放最大值的变量 max
void main(void)
{
    int i;
    max=a[0];
    for (i=1;i<100;i++)
    { if (max<a[i])
       max=a[i];
    }
}
```

8.3 I/O 接口的扩展

在单片机扩展系统中,P0、P2 和 P3 口作为系统总线,这将导致并行 I/O 口不够用,常常需要进行外部扩展,外部 I/O 接口与外部数据存储器统一编址,其电路设计和编程方法与外部数据存储器相同,本章主要介绍 8255A 和 8155 两个常用芯片的扩展。

8.3.1 并行输入/输出接口 8255A

8255A 是一种常用的 8 位并行输入/输出接口,其内部设有三个端口,具有三种不同的工作方式,由编程选择。8255A 的内部结构与引脚分布如图 8.18 所示。

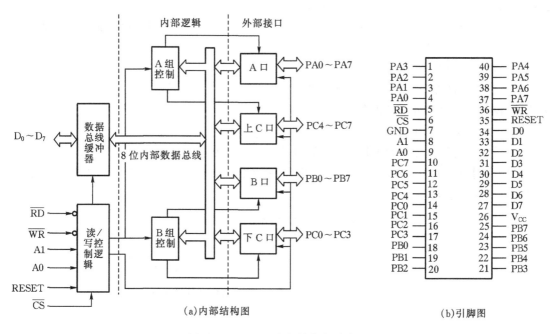

图 8.18 8255A 内部结构与引脚图

1. 引脚功能

8255A 共有 40 个引脚,采用双列直插式结构,其功能如下:

$D_7 \sim D_0$:双向三态数据线,用于与 CPU 的数据总线连接。

$\overline{CS}$:片选信号,低电平有效。

$\overline{RD}$:读信号,低电平有效,控制数据读出。

$\overline{WR}$:写信号,低电平有效,控制数据写入。

$PA7 \sim PA0$:端口 A 输入/输出线。

$PB7 \sim PB0$:端口 B 输入/输出线。

$PC7 \sim PC0$:端口 C 输入/输出线。

RESET:复位信号。

$A1 \sim A0$:片内地址线,用于端口选择。

2. 内部结构

8255A 内部包括三个 8 位并行输入/输出端口、两组工作方式控制电路、一个读/写控制逻辑电路和一个 8 位总线缓冲器。各功能部件的作用如下。

(1) 端口 A、B、C：

A 口：可作为 8 位数据输出锁存器/缓冲器和 8 位数据输入锁存器。

B 口：可作为 8 位数据输出锁存器/缓冲器和 8 位数据输入缓冲器。

C 口：可作为 8 位数据输出锁存器/缓冲器和 8 位数据输入缓冲器，输入不锁存。

(2) 工作方式控制电路：

工作方式控制电路有两组，一组是 A 组控制电路，另一组是 B 组控制电路。这两组控制电路具有一个控制命令寄存器，用来接收 CPU 发来的控制字，以决定两组端口的工作方式，也可根据控制字的要求对 C 口按位清 0 或者置 1。

A 组控制电路用来控制 A 口和 C 口的上半部分 PC7～PC4；B 组控制电路用来控制 B 口和 C 口的下半部分 PC3～PC0。

(3) 数据总线缓冲器：

数据总线缓冲器是一个三态双向 8 位缓冲器，作为 8255 与系统总线之间的接口，用来传送数据、控制命令以及外部状态信息。

(4) 读/写控制逻辑电路：

读/写控制逻辑电路接收 CPU 发来的地址 A1～A0 和控制信号 $\overline{RD}$、$\overline{WR}$、RESET、$\overline{CS}$ 等，然后根据控制信号的要求，将端口数据读出，送往 CPU，或者将 CPU 送来的数据写入端口。各端口的工作状态如表 8.3 所示。

表 8.3　8255A 工作状态选择表

A1	A0	$\overline{RD}$	$\overline{WR}$	$\overline{CS}$	工作状态
0	0	0	1	0	A 口数据→数据总线
1	0	0	1	0	B 口数据→数据总线
1	0	0	1	0	C 口数据→数据总线
0	0	1	0	0	总线数据→A 口
1	1	1	0	0	总线数据→B 口
0	1	1	0	0	总线数据→C 口
0	1	1	0	0	总线数据→控制字寄存器

3. 8255A 控制字

8255A 有三种基本工作方式，由方式控制字来设定。控制字有两个，一个是工作方式控制字，用于 8255A 的初始化；另一个是 C 口置位/复位控制字，用于 C 口的位操作。这两个控制字共用一个端口地址，由最高位 D_7 予以区分。

(1) 方式控制字：

工作方式控制字的格式如图 8.19 所示，共有 8 位，最高位 D_7 必须为 1，D_6～D_3 用于 A 组控制，D_2～D_0 用于 B 组控制。8255A 工作时，应先将控制字写入控制端口，以便确定各端口的工作方式和输入输出状态，即初始化。

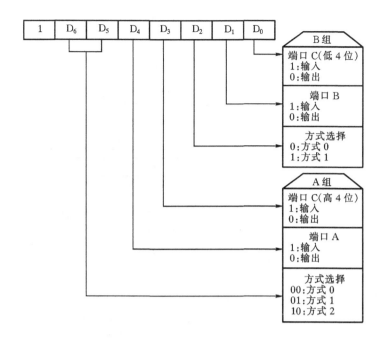

图 8.19 8255A 工作方式控制字

【例 8 - 9】8255A 的初始化编程

设 8255A 的端口地址为 60H～63H,各端口均工作于方式 0,A 口、C 口为输入,B 口为输出,可用如下程序进行初始化设置:

```
# include <absacc. h>              //将绝对地址头文件包含在文件中
void main(void)
{
    XBYTE[0x63]=0x99;              //写控制字
}
```

或

```
unsigned char xdata port[4] _at_ 0x60;   //定义 4 个端口地址
void main(void)
{
    port[3]=0x99;                  //写控制字
}
```

或

```
void main(void)
{ unsigned char xdata * dp;        //定义一个指向 xdata 区的指针 dp
    dp=0x63;                       //dp 指针赋值,指向控制端口
    * dp1=0x99;                    //写控制字
}
```

(2) C 口置位/复位控制字:

C 口置位/复位控制字一次只能对 C 口的一位进行操作,因此也称为 C 口位操作,最高位 D_7 必须为 0,其格式如图 8.20 所示。

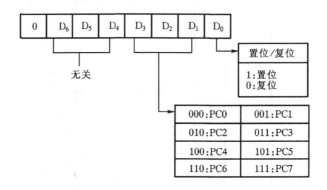

图 8.20　C 口置位/复位控制字

【例 8-10】C 口置位/复位控制字的应用

设 8255A 的端口地址为 E000H～E003H,用 PC2 作脉冲发生器,其程序如下:

```
#include <absacc.h>                //将绝对地址头文件包含在文件中
void main(void)
{
  int i;
  XBYTE[0xE003]=00x80;             //写控制字
  while(1)
  {
    XBYTE[0xE003]=00x05;           //PC2 置 1
    XBYTE[0xE003]=00x04;           //PC2 置 0
    for (i=1;i<=100;i++);          //延时
  }
}
```

4. 工作方式

8255A 有三种基本工作方式。

方式 0:基本输入输出。

方式 1:选通输入输出。

方式 2:双向传送。

(1) 工作方式 0:

工作方式 0 是一种基本输入/输出方式。在这种方式下,三个端口都可由程序设定为输入或者输出,没有固定的控制联络信号。A 口和 B 口作为 8 位端口,C 口可分为上半部分和下半部分使用,各端口的输入、输出可构成 16 种组合。这种方式主要用于无条件传送和查询传送。

无条件传送时,CPU 不需了解外设的状态,直接执行输入/输出指令,读/写外设数据,这时三个端口都可用来传送数据。

查询传送时 CPU 需了解外设的状态,故需请求-应答信号。但是在方式 0 没有控制联络信号,常用 C 口的某些位作为请求-应答信号,即用 C 口配合 A 口和 B 口的操作。

在方式 0 中,C 口分为上下两部分独立地定义为输入或者输出,但是 CPU 对其操作时是以字节为单位,而不是单独读/写某一 4 位端口。如两个 4 位端口一个定义为输入,另一个定义为输出,CPU 读 C 口时,定义为输出的 4 位无效;CPU 向 C 口写数据时,定义为输入的 4 位不受影响。

(2) 工作方式 1:

工作方式 1 是一种选通式输入/输出工作方式。在这种方式下,A 口和 B 口作为数据输入/输出端口,C 口提供控制联络信号。

① 输入:当 A 口方式 1 输入时,C 口的 PC5~PC3 作为控制联络信号;当 B 口方式 1 输入时,C 口的 PC2~PC0 作为控制联络信号。PC6、PC7 未用,仍可定义为输入或者输出。各联络信号的定义如图 8.21 所示,作用如下。

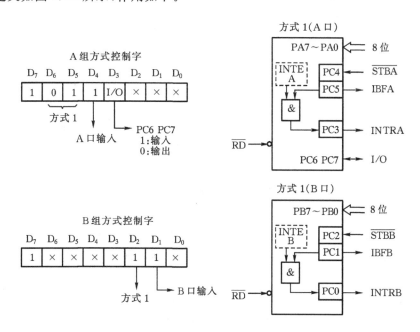

图 8.21　方式 1 输入联络信号

$\overline{STB}$:输入选通,输入,低电平有效,由外设送来,将数据送入输入锁存器。

IBF:输入缓冲器满,输出,高电平有效,表示数据已送入输入锁存器。它由 $\overline{STB}$ 信号置位,由 $\overline{RD}$ 信号的上升沿复位。

INTR:中断请求,输出,高电平有效,向 CPU 发中断请求。发中断请求的条件是 $\overline{STB}$、IBF 和 INTE(中断允许)均为高电平。中断请求信号由 $\overline{RD}$ 的下降沿复位。

INTEA:端口 A 中断允许,由 PC4 的置位/复位来控制。

INTEB:端口 B 中断允许,由 PC2 的置位/复位来控制。

② 输出:当 A 口为方式 1 输出时,C 口的 PC7、PC6、PC3 作为控制联络信号;当 B 口为方式 1 输出时,C 口的 PC2~PC0 作为控制联络信号。PC5、PC4 未用,仍可定义为输入或者输出。各联络信号的定义如图 8.22 所示,作用如下。

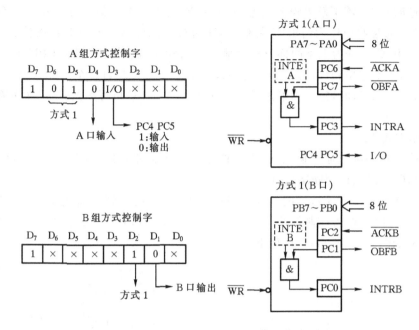

图 8.22　方式 1 输出联络信号

$\overline{\text{OBF}}$:输出缓冲器满,输出,低电平有效,是输出给外设的联络信号,表示 CPU 已将输出数据送到指定的端口,请求外设取走。它由 $\overline{\text{WR}}$ 信号的上升沿清 0(有效),由 $\overline{\text{ACK}}$ 信号的下降沿置 1(无效)。

$\overline{\text{ACK}}$:外设响应信号,输入,低电平有效,启动输出端口输出数据,其后表示数据已被外设取走。

INTR:中断请求,输出,高电平有效,表示数据已被外围设备取走,请求 CPU 继续输出数据。中断请求的条件是 $\overline{\text{ACK}}$、$\overline{\text{OBF}}$ 和 INTE(中断允许)为高电平。中断请求信号由 $\overline{\text{WR}}$ 的下降沿复位。

INTEA:端口 A 中断允许,由 PC6 的置位/复位控制。

INTEB:端口 B 中断允许,由 PC2 的置位/复位控制。

(3) 工作方式 2:

工作方式 2 是一种双向传送方式,仅适合于端口 A,作为双向数据总线端口,既可输入,又可输出,而且输入、输出均锁存。C 口的 PC7～PC3 作为控制联络线,PC2～PC0 未用,仍可定义为输入或者输出。各联络信号的定义如图 8.23 所示,其作用与方式 1 相同,其中 INTE1 由 PC6 的置位/复位控制,INTE2 由 PC4 的置位/复位控制。

5. 连接与编程

8255 与单片机的连接如图 8.24 所示,可用来与键盘、显示器或其它外围设备连接,进行数据输入/输出。

【例 8 - 11】对 8255 编程,使 A 口、B 口和 C 口均工作于方式 0,先由 B 口和 C 口的低 4 位输入一组数据。再由 A 口和 C 口的高 4 位输出这组数据。

由图可知,A 口地址为 7F00H,B 口地址为 7F01H,C 口地址为 7F02H,控制口地址为

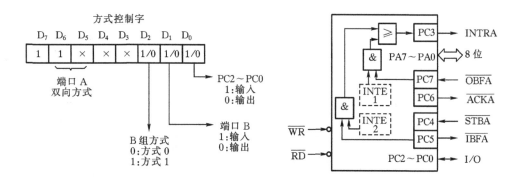

图 8.23 方式 2 联络信号

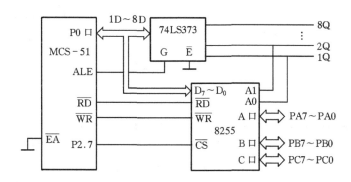

图 8.24 8255 与单片机的连接

7F03H,程序设计如下:

```
#include <absacc.h>              //将绝对地址头文件包含在文件中
#include <intrins.h>
void main(void)
{
    unsigned char x,y;
    XBYTE[0x7F03]=00x83;         //写控制字
    x= XBYTE[0x7F01];            //从 B 口读数据
    y= XBYTE[0x7F02];            //从 C 口读数据
    XBYTE[0x7F00]=x;             //数据从 A 口输出
    XBYTE[0x7F02]= _crol_(y,4);  //数据从 C 口输出
}
```

8.3.2 带有 RAM 和定时/计数器的并行 I/O 接口 8155

8155 是一种内部有 256 字节静态 RAM 和一个 14 位定时/计数器的多功能 8 位并行输入/输出接口,其内部结构如图 8.25 所示,常用作单片机的外部扩展接口,与键盘、显示器等外围设备连接。

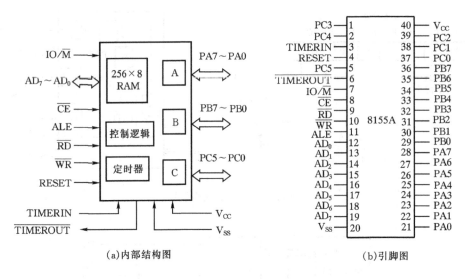

(a)内部结构图   (b)引脚图

图 8.25   8155 内部结构与引脚图

1. 内部结构

8155 的内部包括两个 8 位、一个 6 位并行输入/输出接口、256 个字节的静态 RAM、一个地址锁存器、一个 14 位的定时/计数器和控制逻辑电路。各部件与存储器的地址选择由引脚 $IO/\overline{M}$ 决定。当 $IO/\overline{M}$ 为低电平时,表示 $AD_7 \sim AD_0$ 输入的是存储器地址,寻址范围为 $00 \sim FFH$;当 $IO/\overline{M}$ 为高电平时,表示 $AD_7 \sim AD_0$ 输入的是 I/O 端口地址,其编码如表 8.4 所示。

表 8.4   8155 I/O 地址编码

$AD_7 \sim AD_0$								寄存器
A_7	A_6	A_5	A_4	A_3	A_2	A_1	A_0	
$\times$	$\times$	$\times$	$\times$	$\times$	0	0	0	命令/状态寄存器
$\times$	$\times$	$\times$	$\times$	$\times$	0	0	1	A 口(PA7~PA0)
$\times$	$\times$	$\times$	$\times$	$\times$	0	1	0	B 口(PB7~PB0)
$\times$	$\times$	$\times$	$\times$	$\times$	0	1	1	C 口中(PC5~PC0)
$\times$	$\times$	$\times$	$\times$	$\times$	1	0	0	定时器低 8 位
$\times$	$\times$	$\times$	$\times$	$\times$	1	0	1	定时器高 6 位和 2 位计数器方式位

2. 工作方式

在 8155 的控制逻辑电路中设置有一个控制命令寄存器和一个状态标志寄存器,其工作方式由写入到命令寄存器中的控制字决定。控制命令寄存器只能写入,不能读出,其中低 4 位用来设置 A 口、B 口和 C 口的工作方式,第 4、5 位用来确定 A 口、B 口以选通输入/输出方式工作时是否允许中断请求,第 6、7 位用来设置定时器的工作。工作方式控制字的格式如图 8.26 所示。

状态寄存器用来存放 A 口和 B 口的状态标志。状态标志寄存器的地址与命令寄存器的地址相同,CPU 只能读出,不能写入,其格式如图 8.27 所示。

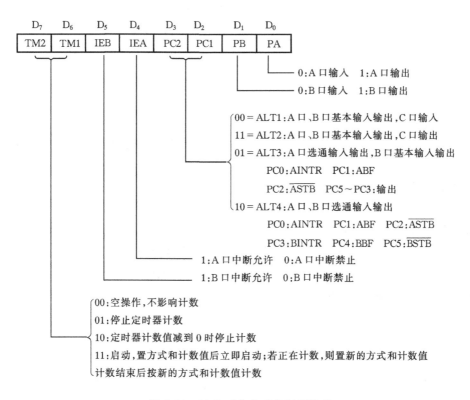

图 8.26 8155 工作方式控制字格式

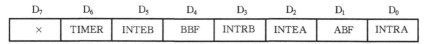

INTR:中断请求 INTE:中断允许 BF:缓冲器满 TIMER:定时器中断

图 8.27 8155 状态标志寄存器格式

3. 定时/计数器

在 8155 中设置有一个 14 位的定时/计数器,可用来定时或对外部事件计数,CPU 可通过程序选择计数器的长度和计数方式。计数器的长度和计数方式由输入给计数寄存器的控制字来确定,其格式如图 8.28 所示。

其中 T13~T0 为计数长度,表示范围为 2H~3FFFH。M2、M1 用来设置定时器的输出方式,其含义如表 8.5 所示。

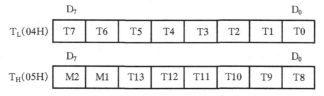

图 8.28 8155 的定时/计数器

表 8.5 M2、M1 的含义

M2	M1	含义	M2	M1	含义
0	0	单方波	0	1	连续方波(自动恢复初值)
1	0	单脉冲	1	1	连续脉冲(自动恢复初值)

4. 引脚功能

8155 有 40 个引脚,采用双列直插式封装,引脚分布如图 8.25(b)所示,各引脚功能如下。

$AD_7 \sim AD_0$:三态数据/地址引出线。

$\overline{CE}$:片选信号,低电平有效。

$\overline{RD}$:读命令,低电平有效。

$\overline{WR}$:写命令,低电平有效。

ALE:地址及片选信号锁存信号,高电平有效,其后沿将地址和片选信号锁存到器件中。

$IO/\overline{M}$:接口与存储器选择信号,高电平寻址 I/O 接口,低电平寻址存储器。

$PA7 \sim PA0$:A 口输入/输出线。

$PB7 \sim PB0$:B 口输入/输出线。

$PC5 \sim PC0$:C 口输入/输出或控制信号线。用作控制信号时,功能如下。

PC0:INTRA,A 口中断请求信号线。

PC1:ABF,A 口缓冲器满信号线。

PC2:$\overline{ASTB}$,A 口选通信号线。

PC3:INTRB,B 口中断请求信号线。

PC4:$\overline{BSTB}$,B 口选通信号线。

TIMERIN:定时/计数器输入端。

$\overline{TIMEROUT}$:定时/计数器输出端。

RESET:复位信号线。

V_{cc}:+5V 电源。

V_{ss}:地。

5. 连接与编程

8155 与单片机的连接如图 8.29 所示,其中片选信号由高位地址译码产生,$IO/\overline{M}$ 由 P2.7 提供。8155 除用于接口扩展外,还提供了 256 字节的 RAM 和一个 14 位的定时/计数器。

【例 8 - 12】从 A 口输入数据,作为 8155 定时器计数初值,对输入脉冲分频,再由定时器输出端输出连续方波。

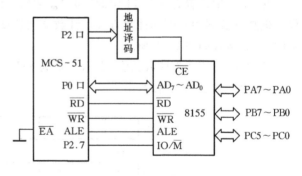

图 8.29 8155 与单片机的连接

解:设 8155 控制命令寄存器地址为 8100H,A 口地址为 8101H,B 口地址为 8102H,C 口地址为 8103H,定时器低 8 位地址为 8104H,高位地址为 8105H。定时器计数初

值的低 8 位由 A 口输入,高 6 位设为 0,程序设计如下:

```
#include <absacc.h>              //将绝对地址头文件包含在文件中
void main(void)
{
  unsigned char x;
  XBYTE[0x8100]=0x42;            //停止计数,A 口为输入
  x= XBYTE[0x8101];              //从 A 口读数据
  XBYTE[0x8104]=x;               //输出计数初值低 8 位
  XBYTE[0x8105]=0x40;            //输出计数初值高 6 位及置工作方式
  XBYTE[0x8100]=0xc2;            //启动工作
}
```

8.4　扩展系统的应用举例

第 3 章中介绍了最小系统的设计和编程控制方法,那么,在扩展系统中如何进行外设接口电路的设计和编程呢?下面就以矩阵键盘和动态显示为例介绍扩展系统的应用。

【例 8-13】用 8255A 作为矩阵键盘接口电路。

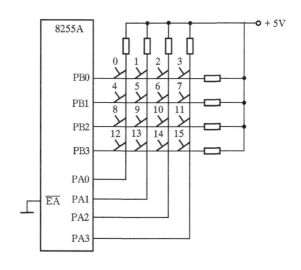

图 8.30　8255A 用作矩阵键盘接口

图 8.30 为用 8255A 作为 4×4 矩阵键盘的接口电路,B 口接行线,A 口接列线,键号为 0~15,下面程序为用行扫描法接收键值,并将键值存放在 key 中。假设 8255A 的地址为 60H~63H。

```
#include <reg51.h>              //将寄存器头文件包含在文件中
#include <intrins.h>
#include <absacc.h>             //将绝对地址头文件包含在文件中
#define uchar unsigned char     //定义符号 uchar 为数据类型符 unsigned char
```

```
#define uint unsigned int          //定义符号 uint 为数据类型符 unsigned int
uchar key;                         //定义存放键值的变量
//快速扫描函数
int fastfound()
{
uchar keyin;
XBYTE[0x61]=0;;                    //所有行置 0
keyin= XBYTE[0x60];               //读列线
keyin=keyin&0x0f;
if (keyin==0x0f)
return(0);                         //如果无键按下,返回值为 0
else
return(1);                         //如果有键按下,返回值为 1
}
//行扫描法程序,计算键值
int keyfound()
{
  uchar keyvalue,keyscan,keyin;    //定义存放键值、行扫描初值与可读列值的变量
  uchar i,j,flag;                  //定义行列循环变量
  keyscan=0xee;                    //行扫描初值
  keyvalue=0;                      //键初值
  flag=0;
  for (i=0;i<4;i++)
  {
    XBYTE[0x61]=keyscan;           //行扫描
    keyin= XBYTE[0x60];           //读列线
    keyin=keyin&0x0f;
      if (keyin! =0x0f)            //如果有键按下,进行键识别
      {
        for (j=0;j<4;j++)
        if (((keyin>>j)&1)==0)
          {
          keyvalue=keyvalue+j;
          flag=1;
          break;
          }
      }
        else
          {
```

```
        keyvalue＋＝4；              //如果无键按下,进行键值增加 4
        keyscan＝_crol_(keyscan,1)；   //下一行扫描值
        }
    if (flag＝＝1)
    return(keyvalue)；              //有键按下返回键值
    else
    return(−1)；                    //无键按下返回−1
    }
}
//主程序
void main(void)
  {
  XBYTE[0x63]＝0x82；              //8255A 初始化
  if (fastfound()＝＝1)            //如果有键按下,接收键值
  key＝ keyfound()；
}
```

【例 8 − 14】用 8155 作为动态显示接口电路。

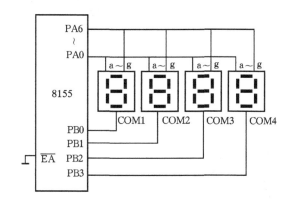

图 8.31 用 8155 作为共阴极 LED 动态显示接口电路

图 8.31 为用 8155 作为共阴极 LED 动态显示的接口电路,A 口接段码,B 口接位码。下面程序为以十进制形式在 4 个 LED 上显示整型变量 x 的值。假设 8155 的地址为 8100H ～8105H。

```
＃include ＜reg51.h＞          //包含 51 的特殊寄存器头文件
＃include ＜absacc.h＞         //将绝对地址头文件包含在文件中
＃define uchar unsigned char   //定义符号 uchar 为数据类型符 unsigned char
//定义 1～8 的共阴极显示代码
code uchar Table[10]＝{0x3f,0x06,0x5b,0x4f,0x66,0x6d,0x7d,0x07,0x7f,0x6f}；
int x＝7895；                   //定义整型变量 x
void main(void)
```

```
{
  uchar xx[4];                          //定义数组,存放 x 的各位
  uchar i;
  uchar com;
  XBYTE[0x8100]=0x43;                   //8155 初始化
  xx[0]=x/1000;                         //存千位
  xx[1]=(x%1000)/100;                   //存百位
  xx[2]=(x%100)/10;                     //存十位
  xx[3]=x%10;                           //存个位
  while(1)
  {
    com =0xfe;                          //位选线初值
    for (i=0; i<=4; i++)
    {
    XBYTE[0x8102]=0xff;                 //黑屏
    XBYTE[0x8101]=Table[xx[i ]];        //取显示代码并显示
    XBYTE[0x8102]=com;                  //位选通
    com=_crol_( com,1);                 //改变位选信号
    }
  }
}
```

习题

1. 试说明 74LS273/373 的组成特点。

2. 试用 74LS273 为单片机构成 4 个 8 位数据锁存器。

3. 试说明 8282 的组成特点。

4. 试用 8282 为单片机构成外部 16 位地址锁存器。

5. 8255A 有哪几种工作方式？怎样选择？

6. 试说明 8255 工作方式控制字的作用和各位的功能。

7. 试编一程序对 8255A 进行初始化,使其 A 口为工作方式 0 输出,B 口为工作方式 1 输入,C 口作为控制信号输入/输出端。

8. 8255A 的 A 口按方式 2 工作时有哪些控制信号线,其作用是什么？这时 B 口应怎样工作？

9. 试说明 8155 的内部结构特点及各并行口的功能。

10. 试说明 8155 工作方式控制字的作用及各位的功能。

11. 8155 有哪几种工作方式？怎样选择？

12. 试编一程序对 8155 进行初始化,使其 A 口选通输出,B 口基本输入,C 口作为控制联络信号端,启动定时器工作,按方式 1 定时（定时初值任意）。

13. 试设计一个包括 2 片 6264 和 1 片 62256 的外部数据存储器。

14. 试设计一个包括 2 片 27128 的外部程序存储器和包括 2 片 6264 的外部程序/数据共用存储器系统。

15. 试设计一个用 8282 作为数据锁存器,采用中断方式向单片机输入数据的接口电路与中断服务程序。

16. 试设计一个用 8255A 与 32 键的键盘硬件连接电路,并设计键码识别程序。

第9章 模拟通道技术

9.1 概述

在测量和工业实时控制中,经常需要对现场物理量进行测量,或者将它采集下来进行处理。这些物理量可能是电信号,也可能是非电信号。对于电信号需要转换成计算机所能接受的形式,即数字量信号。对于非电信号则要先转换成电信号,然后再转换成数字量信号,这就需要使用传感器。一般传感器输出信号很小,因此需要进行放大。也就是将传感器输出的弱电信号放大成 A/D 转换器所要求的电压或者电流信号,即所谓的前置放大。在一般情况下,信号中往往混有杂波干扰,为了去除干扰,可在前置放大器后面增设一级滤波器,以滤除干扰信号。经滤波后的电压信号送采样保持器进行采样,再送 A/D 转换器转换,转换的结果送单片机或微处理器。这就构成一个模拟信号的输入通道,如图 9.1 所示。

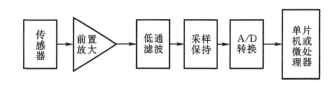

图 9.1　模拟输入通道

如果采集路数较多时,可设计成多路采集系统,如图 9.2 所示,使用多路开关进行输入信号的切换。

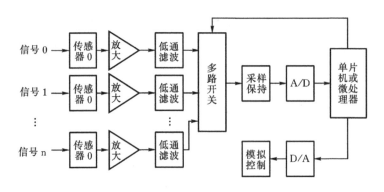

图 9.2　多路模拟输入/输出通道

9.2　传感器

传感器的种类很多,工作原理也各不相同,下面仅以最常用的几种为例,说明传感器的工作原理与使用。

9.2.1　拉力传感器

拉力传感器是将拉力转换为电信号的器件,其外形结构如图 9.3(a)所示,呈圆柱形,两端轴上有螺纹,可以在轴向施加拉力。在其侧面有一个转接插座,连有 4 条引出线,其中两条为电源线,另外两条为信号输出线。传感器内部采用电阻应变测量原理,将 4 块电阻应变片联接成如图 9.3(b)所示的桥式结构。其中 R_1、R_2、R_3、R_4 为电阻应变片,R_0 为零平衡补偿电阻,R_T 为温度补偿电阻,R_K 为输出灵敏度补偿电阻。应变电阻 R_1、R_3 沿轴线方向粘结在两块弹性板面上,R_2、R_4 沿垂直于轴的方向,粘结在两块弹性板面上。当外界沿轴向施加拉力时,弹性板面发生组合形变,轴向拉伸,径向收缩。这样应变电阻 R_1、R_3 因拉伸,电阻增大,R_2、R_4 因压缩,电阻减小,使电桥产生不平衡的电压输出:

$$V = \frac{R_1 R_2}{(R_1 + R_2)^2} \left(\frac{\Delta R_1}{R_1} - \frac{\Delta R_2}{R_2} + \frac{\Delta R_3}{R_3} - \frac{\Delta R_4}{R_4} \right) U(1 - \eta)$$

其中 U 为电源输入电压,$1 - \eta$ 为非线性系数。

一般 η 很小,于是可认为输出电压 V 与拉力近似成正比例关系。

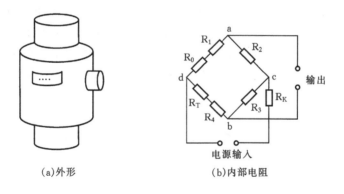

(a)外形　　　　　　　　(b)内部电阻

图 9.3　拉力传感器

9.2.2　热电偶

热电偶是工业中用来测量温度或者温差的传感器,其工作原理如图 9.4 所示。对于任何两种不同的导体或半导体,若按图 9.4 所示,联接成闭合回路。如果将它们的两个接头分别置于温度分别为 T 和 T_0(假设 $T > T_0$)的热源中,则在该回路中产生热电动势(简称为热电势),这种现象称为热电效应。热电效应就把热信号转换成为电信号,因此根据热电效应即可测量温度或温差。

热电偶一般用特殊金属材料制成。目前,在我国广泛使用的热电偶有以下几种:

① 铂铑-铂热电偶。

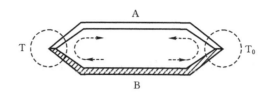

图 9.4　热电偶回路

　　② 镍铬-镍硅或镍铬-镍铅热电偶。

　　③ 镍铬-考铜热电偶。

　　④ 铂铑$_{30}$-铂铑$_6$热电偶。

　　⑤ 铁-康铜热电偶。

　　⑥ 铜-康铜热电偶。

　　这些热电偶的性能参数各不相同，使用时可根据实际需要进行选择。

　　在用热电偶测量温度时，一端置于热源中，称为热端，另一端置于室温中，称为冷端。除了热电偶之外，还要有显示仪表。显示仪表是用同一种导线在同一室温中（即冷端）接入回路，故不影响热电偶的精度。为了保证测量精度，一般要求冷端温度恒定（最好为0℃）。如果把热电偶做得长一些，使冷端远离热源，连同显示仪表一起置于恒温环境中。但这往往不现实，因为热电偶材料昂贵。因此，一般使用专用导线联接。这种导线在一定温度范围内与热电偶有相同的热电性能，而且价格便宜，这种导线称为补偿导线。使用补偿导线后就可以使热电偶的冷端远离热源。补偿导线要根据热电偶的种类选择，例如对于铂铑-铂热电偶，正极选用铜导线，负极应选用镍铜导线；对于镍铬-镍硅热电偶，正极选用铜导线，负极应选用康铜导线。

　　热电偶的温度-热电势曲线是在冷端为0℃时测定的，因此使用时冷端最好也保持0℃。若不能使冷端保持在0℃，则要对冷端进行温度补偿。补偿的办法可用硬件电路来进行，对于计算机数据采集，可用软件的办法补偿，补偿公式为

$$E(T,0°)=E(T,t_0)+E(t_0,0°)$$

　　除了上述热电偶外，还有一些特殊用途的热电偶，用于超高温和低温测量。例如钨-铼热电偶测量高温达2400℃；金黄色铁-镍铬热电偶测量低温，可在2～273℃范围内使用。

9.2.3　光敏（红外）传感器

　　由于许多非电量能够影响和改变红外光的特性，因此可利用红外光敏元件来测量红外光的变化，进而确定待测量的非电信号。在目前的红外光敏元件中，以半导体红外光敏元件为主，它以极高的精度和极快的响应速度敏感于红外光。按其工作原理，红外光敏元件大体可分为两类，即热型和量子型。

1. 量子型红外光敏元件

　　量子型红外光敏元件有光电导式（PC）、光生伏特式（PV）、光电磁式（PEM）和肖特基势垒式等数种，如图9.5所示。其中光电导式元件是在其上通一固定的偏置电流，当红外光照射到元件上时，由于光电导效应元件的阻值发生改变，取元件两端电压变化的输出量，即可构成红外光敏元件。光生伏特式元件具有PN结光敏二极管相同的结构。当元件PN结的耗尽层受到红外光照射时产生光生伏特效应，元件两端呈现光生电势。光电磁式元件是把电场、磁场都

加于元件,当有红外光照射时,元件两端呈现出比例于红外光强的光生电势,即光电磁效应。肖特基势垒式红外光敏元件与肖特基二极管结构完全相同,其基础是肖特基势垒,由于金属与半导体接触而产生。

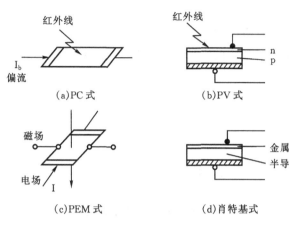

图 9.5　量子型红外光敏元件

目前最常用的量子型红外光敏元件有 PbS 元件(3000K,1~3μm)、InSb 元件(77K,3~5μm)和混晶体 HgCdTe 元件(77K,8~12μm)等。其中 PbS 元件是在玻璃基片上蒸镀 PbS 薄膜,再引出金质电极和引线。为了防止元件氧化,常封存在真空容器中,一般为 PC 式。

2. 热型红外光敏元件

热型红外光敏元件有热电偶式、电容式和焦电式等数种。量子型红外光敏元件是把红外光能转换成电能,而热型红外光敏元件是把红外光能转换成元件自身的热信号,然后再转换成电信号。因此,热型红外光敏元件的响应速度稍慢一些。下面仅以热释电式红外光敏元件为例来说明热型红外光敏元件的工作原理。

热释电式红外光敏元件的工作原理基于热释电效应,即在强电介质温度变化 $\triangle t$ 时,其表面呈现 $\triangle Q_s$ 的自然极化电荷。若设元件电容量为 C,则元件两端的电压为 $\triangle U = \dfrac{\triangle Q_s}{C}$。热释电式红外光敏元件的结构与构成电路如图 9.6 所示,其中红外光敏材料常采用钛锆酸铅(PZT)。由于元件输出阻抗高而电压信号微弱,所以内附场效应管放大器进行放大和阻抗变换。整个元件用树脂封装,正前方是聚乙烯光窗。

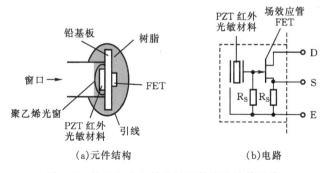

图 9.6　热释电式红外光敏元件构造及其电路

在实际使用时,元件前方加装一个周期性遮断红外光的机械装置,以使元件所接收到的红外光能周期性地变化。这样,使测量过程中始终有比例于红外光强的极化电荷产生。

由于红外光有以下特点,所以红外光敏元件的使用越来越广。

① 红外光不受周围可见光的影响,故在同样条件下可昼夜测量;

② 只要被测对象自身具有一定的温度就会发射红外光,不需另备光源;

③ 大气对某些特定波长范围的红外光吸收甚少,所以适用遥感技术。

9.3 模拟信号输入通道

9.3.1 模拟信号的放大与整形

由于传感器输出的信号一般都比较小,不能直接用于显示、记录或 A/D 转换,因此需要放大。对于一些不规则或受外界干扰较大的信号还需要滤波和整形。随着电子技术的发展,放大电路一般由运算放大器构成。滤波器可根据需要,采用无源滤波器或有源滤波器。根据输入信号的频率可选用低通滤波器、带通滤波器或高通滤波器。信号经放大滤波之后,也就达到了去干扰整形的目的。

1. 运算放大器

运算放大器是一种高放大倍数的直接耦合放大器,它的工作频率可低到直流,在检测系统中经常作为传感器输出的微弱信号的高增益放大器。它的使用形式比较多,但基本形式有以下三种:

(1) 反相运算放大器电路。

反相运算放大器的基本电路如图 9.7 所示。输入信号通过电阻 R_1 送运算放大器 A 的反相输入端,输出信号与输入信号的符号相反。运算放大器的同相输入端通过电阻 R_2 接地,一般情况下 R_2 的阻值约等于 R_1 和 R_3 的并联值。输出电压 V_o 与输入电压 V_i 之比称为电压增益,等于 R_3 与 R_1 之比,即:$\dfrac{V_o}{V_i} = \dfrac{R_3}{R_1}$。

(2) 同相运算放大器电路。

同相运算放大器的基本电路如图 9.8 所示。输入信号送运算放大器的同相输入端,输出信号与输入信号的符号相同。同相放大时电压增益为 $\dfrac{V_o}{V_i} = 1 + \dfrac{R_1}{R_2}$。

(3) 差动输入运算放大器电路。

差动输入运算放大器的基本电路如图 9.9 所示,输入信号由运算放大器的同相输入端和反相输入端送入。图中 R_1 和 R_2 构成负反馈回路,若取 $\dfrac{R_2}{R_1} = \dfrac{R_4}{R_3}$,则 $V_o = \dfrac{R_2}{R_1}(V_2 - V_1)$。

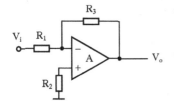

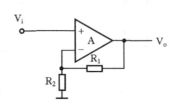

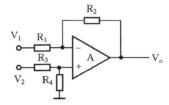

图 9.7 反相运算放大器　　　图 9.8 同相运算放大器　　　图 9.9 差动输入运算放大器

　　差动输入运算放大器对共模干扰信号有着很好的抑制作用,因此经常用来对直流信号进行放大。这种电路对于对称性要求高,如果电阻不配对,将使输出产生误差,使用时务必注意。

　　在实际应用中,运算放大器须根据需要增添零补偿、频率补偿以及自动增益调节等电路,以提高整个电路的性能。图9.10所示是运算放大器 OP07 的外部引脚图和连接电路。

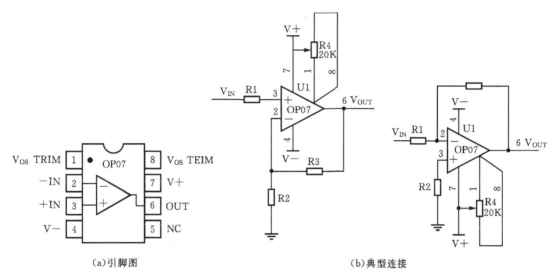

图 9.10　OP07 引脚与典型连接

　　图 9.11 所示是由 OP07 构成的直流放大器,可把传感器输出的 $0 \sim 10 \text{mV}$ 的直流信号放大成 $0 \sim 5 \text{V}$ 的电压信号,以满足 A/D 转换器的要求。

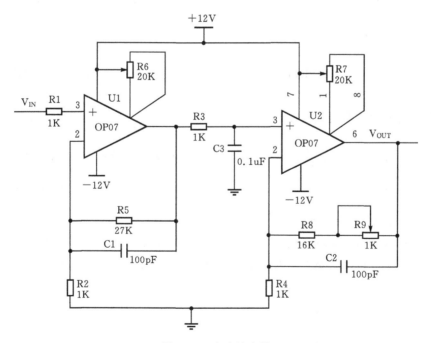

图 9.11　直流放大器

2. 滤波器

滤波器用来滤除检测信号中的干扰杂波。由于传感器输出的信号一般很小,需放大后才能送 A/D 转换器。因此滤波电路往往与放大器设计在一起,即采用有源滤波器。实际使用时可选用一阶有源滤波器,也可选用二阶有源滤波器。

滤波器按性能可分为低通滤波器、高通滤波器和带通滤波器。在构成有源滤波器时,也分为低通、高通和带通有源滤波器。这里仅介绍一阶有源滤波器,供读者使用时参考。

一阶低通有源滤波器如图 9.12 所示,其中图(a)为正相输入一阶低通有源滤波器,图(b)为反相输入一阶低通有源滤波器。一阶高通有源滤波器如图 9.13 所示,一阶带通有源滤波器如图 9.14 所示。

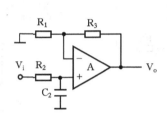
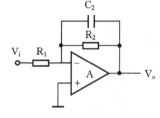

(a)同相输入一阶低通有源滤波器　　　(b)反相输入一阶低通有源滤波器

图 9.12　一阶低通有源滤波器

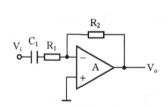
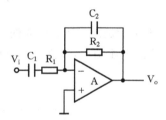

图 9.13　一阶高通有源滤波器　　　　　图 9.14　一阶带通有源滤波器

一阶低通有源滤波器的截止频率由 $R_2 C_2$ 决定,$F_H = \dfrac{1}{2\pi R_2 C_2}$。一阶高通有源滤波器的下限频率由 $R_1 C_1$ 决定,$F_L = \dfrac{1}{2\pi R_1 C_1}$。一阶带通有源滤波器的下限频率由 $R_1 C_1$ 决定,$F_L = \dfrac{1}{2\pi R_1 C_1}$;上限频率由 $R_2 C_2$ 决定,$F_H = \dfrac{1}{2\pi R_2 C_2}$。在实际使用时,如果一阶有源滤波器不能满足要求,可选取用二阶有源滤波器。

在对模拟信号进行采集时,传感器输出的信号经滤波、放大之后,即可在一定程度上消除干扰,使之满足 A/D 转换的要求。因此在实际应用中,放大滤波往往是硬件设计中必不可少的电路。

9.3.2　采样保持器

在对外界信号采集时,尽管 A/D 转换器的速度很快,但仍需一定的时间,在这一段时间内要求外界信号保持不变。这样就得对外界信号进行采样和保持工作。如图 9.15 所示。根据采样定律,只要最低采样频率等于信号最高频率分量的 2 倍($\omega_{pmin}=2\omega_n$)时,即可得到不失真采样。一般采样时间很短,主要考虑的是保持时间,在保持时间内进行 A/D 转换。在一般情况下,采样频率主要由保持时间(即 A/D 转换时间)来决定。

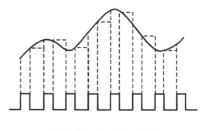

图 9.15　采样与保持

　　采样保持器的工作原理如图 9.16 所示,K 为控制开关,C 为保持电容。当开关 K 接通时,进行采样,输出量随输入量变化。当开关 K 断开时,进入保持状态,进行 A/D 转换。

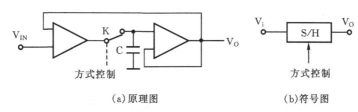

(a)原理图　　　　　　　　　(b)符号图

图 9.16　采样保持器

　　目前,已有大量的集成电路采样保持器,其中常用的有 LF398、AD582/583 等。AD582 的外部引脚与内部结构如图 9.17 所示,外接保持电容。在使用时其引脚功能如下。

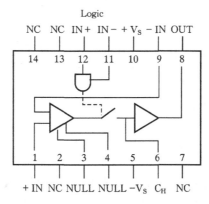

图 9.17　AD582 引脚与内部结构

　　(1) 电源引脚$+V_s$ 和$-V_s$:分别接$+15V$ 和$-15V$。

　　(2) 调零引脚 NULL:外接电位器,用来调整第一级运算放大器的工作电流。

　　(3) 保持电容引脚C_H:外接保持电容器,电容量的大小由采样频率和要求的精度决定。采样频率越高,电容量越小,通常可选几百 pF$\sim0.01\mu F$。

　　(4) 模拟量输入引脚$+IN$ 和$-IN$:用来输入模拟量信号。由$+IN$ 输入时,输出与输入同相;由$-IN$ 输入时,输出与输入反相。

　　(5) 采样保持输出引脚 OUT:输出采样保持的信号。

　　(6) 状态控制信号差动输入引脚 Logic IN$+$ 和 Logic IN$-$:当 Logic IN$+$ 相对于 Logic IN$-$ 为 0($-6V\sim+0.8V$)时,AD582 处于采样状态;当 Logic IN$+$ 相对于 Logic IN$-$ 为 1($+2V\sim+V_s-3V$)时,AD582 处于保持状态。该引脚的逻辑电平与 CMOS 和 TTL 电路兼容。

AD582采样最短时间可达 $6\mu s$，主要由保持电容器决定。保持状态下输出衰减小，保持电容器的充电电流与保持状态下的漏电流之比达 10^7。模拟输入信号电平可达 $\pm V_s$，适合于12位的 A/D 转换器。在使用时，须注意使模拟地与数字地隔离，以提高抗干扰能力。

9.3.3　多路转换开关

多路转换开关用来把多个被测点上的信号逐个分时连接到采样/保持器或 A/D 转换器的输入端。因此，多路转换开关是多路采集系统中必不可少的器件。目前常用的有 4 路、8 路、16 路等，转换形式有多—1,1—多或二者兼用。下面以 CD4051 为例说明其内部组成原理和使用。

CD4051 是一种 8 路多—1/1—多开关，其内部组成如图 9.18 所示。

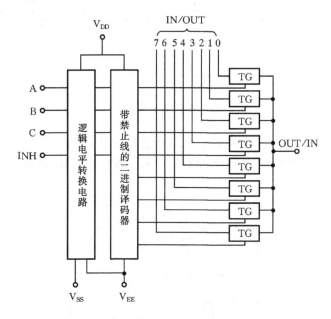

图 9.18　CD4051 内部组成原理

CD4051 包括电平转换电路、译码器/驱动器和开关电路，可实现 CMOS 到 TTL 的电平转换。因此输入电平范围宽，数字量信号的幅度为 3～20V，模拟量信号的峰—峰值可达 20V。其引脚功能如下。

（1）电源引脚：V_{EE}、V_{DD}、V_{SS}，提供电源，V_{EE}、V_{SS} 接地，V_{DD} 接 +15～+20V。

（2）通道控制引脚 ABC：称为地址，用来选择通道，即 000～111。

（3）禁止控制引脚 INH：为数字控制信号。当 INH 为 1 时，所有通道断开；当 INH 为 0 时，按 CBA 选择的通道接通。可用来控制多路开关的扩展。

（4）输入输出引脚 $IN_0 \sim IN_7/OUT_0 \sim OUT_7$ 与 OUT/IN：多—1 使用时，由 CBA 选择的输入端 $IN_0 \sim IN_7$ 与 OUT 接通；1—多使用时，由 CBA 选择的输出端 $OUT_0 \sim OUT_7$ 与 IN 接通。

在实际使用时，可使用两块 CD4051 组成 16 路多路开关，其连接如图 9.19 所示。通道选择码 $D_2D_1D_0$ 连接两块 CD4051 的 CBA 端，D_3 连接到一块的 INH，经反相后再连接到另一块的 INH。

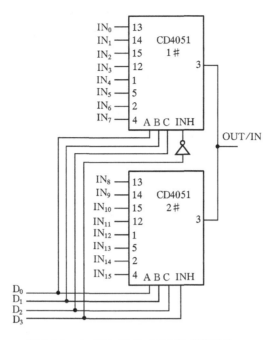

图 9.19　由 CD4051 构成 16 路多路开关

9.3.4　A/D 转换器的工作原理与使用

1. A/D 转换原理

A/D 转换是把模拟量信号转换成数字量信号的过程。A/D 转换的方法较多,有计数式、双斜(积分)式、逐次逼近式以及并行转换等。其中计数式最简单,但转换速度低;并行转换速度最高,但需要器件多,价格高;逐次逼近式速度较高,比较简单,而价格又不很高,因此是微型计算机应用系统中最为常用的一种 A/D 转换器;双斜(积分)式精度高,抗干扰能力强,但速度低,一般应用在精度要求高,而速度要求不高的场合,例如,仪器仪表中。下面仅以逐次逼近式 A/D 转换器为例,介绍 A/D 转换原理及应用。

逐次逼近式 A/D 转换器如图 9.20 所示,由五部分组成,即逐次逼近寄存器 SAR、D/A 转换器、电压比较器、输出缓冲器及时序与控制逻辑电路。转换电压由 V_{IN} 端输入,启动转换信

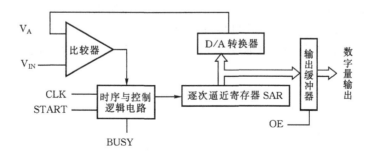

图 9.20　逐次逼近 A/D 转换器逻辑框图

号由 START 端输入。转换开始后,首先由控制逻辑电路将逐次逼近寄存器 SAR 的最高位置 1,其余位清 0。然后将该假定数据送 D/A 转换器转换成模拟电压 V_A,并与输入的电压信号一起送电压比较器进行比较。如果 $V_{IN} < V_A$,则说明将 SAR 的最高位置 1 不合适,应清 0;如果 $V_{IN} \geq V_A$,则说明将 SAR 的最高位置 1 合适,应保留。然后,再把 SAR 的次高位置 1,重复上述的转换、比较、判断以及决定该位置 1 还是清 0。上述过程反复进行,直到确定了 SAR 的最低位时为止。这样 SAR 中的数就是 V_{IN} 所转换成的二进制数。最后将 SAR 中的数送入输出缓冲器,准备输出。在转换过程中控制逻辑电路输出 BUSY=1 信号,转换结束后输出 BUSY=0 信号。这样,就完成了一次转换。

2. ADC0809

图 9.21 所示为 ADC0809 的内部结构与引脚分布。它采用逐次逼近式转换原理,内部分为两大部分,一部分为模拟量多路转换开关,另一部分是 A/D 转换器。它的输出可以直接与 CPU 总线连接。

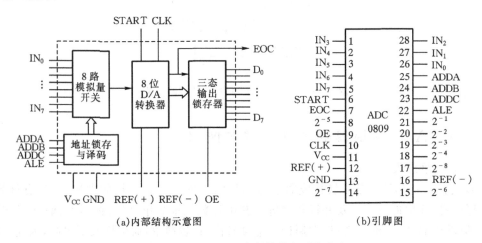

(a)内部结构示意图　　　　　　(b)引脚图

图 9.21　ADC0809 内部结构与引脚分布

模拟量多路开关包括 8 路输入开关和 3 位地址锁存器/译码器。8 路输入开关可接入 8 路模拟量输入信号。3 位地址 ADDA、ADDB 及 ADDC(电路设计时一般标为 A、B、C)由 ALE 信号输入锁存,经译码后决定对哪一路输入的模拟量信号进行转换。START 为启动转换信号,EOC 为转换结束信号,OE 为输出允许信号,转换一次共需 64 个时钟周期。

ADC0809 可用于单片机最小系统中,也可用于扩充系统中。

在最小系统中,ADC0809 与单片机接口连接比较自由,但控制时序要由程序产生,图9.22 为 ADC0809 与最小系统的连线,下面为采用查询方式循环采集 8 个模拟量,并存于数组 a 中的程序。

```
♯include <reg51.h>          //将寄存器头文件包含在文件中
♯define uchar unsigned char  //定义符号 uchar 为数据类型符 unsigned char
♯define uint unsigned int     //定义符号 uint 为数据类型符 unsigned int
sbit start=P2^7;             //定义启动信号
sbit oe=P2^6;                //定义置输出允许
sbit eoc=P2^5;               //定义转换结束信号
```

```
main()
{
    uchar a[8];                      //定义数组存放采集值
    uint i;
    start =0;
    oe=0;
    while(1)
    {
        for (i=0;i<=7;i++)
        {
            P1=i                     //选择模拟量
            start =1;                //产生启动转换脉冲
            for (i=0;i<=200;i++);
            start =0;
            while(eoc==0);           //未转换结束,则等待
            oe=1;                    //转换结束,设置输出允许
            a[i]=P0;                 //存数据
            oe=0;                    //关闭读允许
        }
    }
}
```

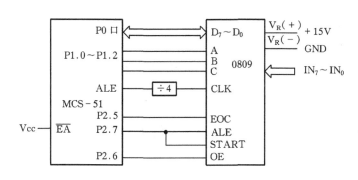

图 9.22　ADC0809 与 MCS－51 最小系统的连接

　　如果采用中断方式,ADC0809 与单片机扩展系统的连接如图 9.23 所示,P0 口作为数据/地址的输入/输出端口。采用线选寻址方式,IN0～IN7 对应的端口地址设置为 FEF8H～FEFFH,采用中断方式与单片机联络。单片机响应中断请求后,执行中断服务程序,读取数据。

　　程序设计分为两部分,一部分是初始化程序,用来对单片机的有关寄存器置初值和启动0809 进行 A/D 转换;另一部分是中断服务程序,用来读取转换结果和启动下一次转换。采集IN0 的模拟信号,并存于 x 的程序如下。

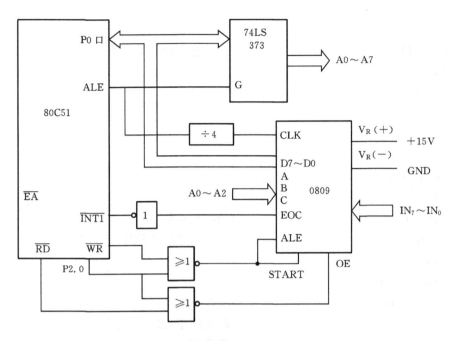

图 9.23　ADC0809 与 MCS-51 扩展系统的连接

```
//初始化程序
#include <absacc.h>              //将绝对地址头文件包含在文件中
#include <reg51.h>               //包含51的特殊寄存器头文件
unsigned char x;
void main(void)
{
  EA=1;                          //中断初始化
  IT1=1;
  EX1=1;
  XBYTE[0xFEF8]=0;               //启动转换
  while(1);
}
//中断服务程序
void int0_fun(void) interrupt 2 using 1
{
  x= XBYTE[0xFEF8];             //读转换值
  XBYTE[0xFEF8]=0;               //启动转换
}
```

3. AD574

AD574 是一种 12 位逐次逼近式 A/D 转换器。它的内部结构如图 9.24 所示，主要由两部分组成。其中一部分是模拟电路，包括高性能的 AD565（12 位 D/A 转换器）和参考电压；另一部分是数字电路,包括逐次逼近寄存器、三态输出缓冲器和控制逻辑电路。其工作原理与 ADC0809 基本相同。

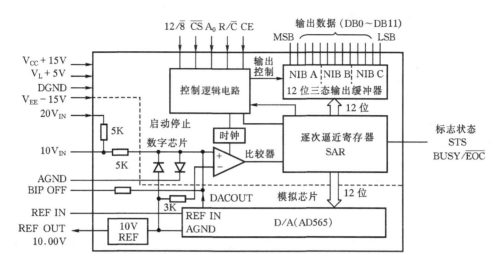

图 9.24　AD574 内部结构

AD574 的引脚有 28 个,其功能如下:

(1) $\overline{\text{CS}}$、CE、R/$\overline{\text{C}}$ 分别是片选、片允许和数据读/启动信号,用来控制芯片的选择、数据读出的启动转换。

(2) A_0 和 12/$\overline{8}$ 用来控制数据转换的长度和输出格式。CE、$\overline{\text{CS}}$、R/$\overline{\text{C}}$、12/$\overline{8}$ 和 A_0 的组合控制作用如表9.1所示。

表 9.1　AD574 组合控制功能

CE	$\overline{\text{CS}}$	R/$\overline{\text{C}}$	12/$\overline{8}$	A_0	功能
0	×	×	×	×	禁止
×	1	×	×	×	禁止
1	0	0	×	0	12 位转换
1	0	0	×	1	8 位转换
1	0	1	+5V	×	12 位数据并行输出
1	0	1	地	0	输出数据高 8 位
1	0	1	地	1	输出数据低 4 位

(3) DB_{11}～DB_0 是 12 位数据输出端。

(4) STS 表示 AD574 当前的状态,即 BUSY/$\overline{\text{EOC}}$。

(5) 供电电源:

V_L:逻辑电平,+4.5V～+5.5V。

V_{CC}:电源电压,+13.5V～+16.5V。

V_{EE}:负电压,-13.5V～-16.5。

(6) 参考电压:

REF OUT：参考电压输出(+10V)。

REF IN： 参考电压输入。

BIP OFF： 双极性偏差调节端。

(7) 模拟输入：

$10V_{IN}$：10V 模拟输入。

$20V_{IN}$：20V 模拟输入。

(8) 地：

AGND：模拟地。

DGND：数字地。

　　在使用时，AD574 有两种连接方式，一种是单极性输入，另一种是双极性输入。单极性输入时，模拟信号由 $10V_{IN}$ 或 $20V_{IN}$ 端输入。如果不需要调零，BIP OFF 接 AGND；如果需要调零，BIP OFF 接调零电路。双极性输入时，输入信号为 ±5V 或 ±10V，分别由 $10V_{IN}$ 和 $20V_{IN}$ 端输入。

　　AD574 也可用于单片机最小系统和扩展系统中，图 9.25 为 AD574 与扩展系统的连接，用来进行 12 位数据采集，设使用查询方式读取一次数据，结果存入 31H～30H 单元中，程序设计如下：

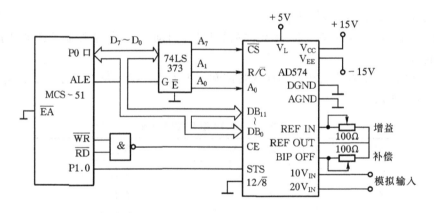

图 9.25　AD574 与 80C51 单片机的连接

```
#include <reg51.h>              //将寄存器头文件包含在文件中
#include <absacc.h>             //将绝对地址头文件包含在文件中
#define uchar unsigned char     //定义符号 uchar 为数据类型符 unsigned char
#define uint unsigned int       //定义符号 uint 为数据类型符 unsigned int
sbit sts=P1^0;                  //定义转换结束信号
sbit rd=P3^7;                   //定义读信号
sbit wr=P3^6;                   //定义写信号
uchar data a[2] _at_ 0x30;      //定义数组存放采集值
main()
{
    wr=0;
```

```
rd＝0;                              //使 CE＝1
XBYTE[0xFF7C]＝0;                   //使 CS＝0,R/C＝0,A0＝0 选择 12 位转换,
                                      启动转换
while(sts);                        //查询 STS
a[1]＝XBYTE[0xFF7E];               //使 R/C＝1,A0＝0,读高 8 位
a[0]＝XBYTE[0xFF7F];               //使 R/C＝1,A0＝1,读低 8 位
a[0]＝ a[0]&0x0f;
while(1);
}
```

9.4　模拟信号输出通道

在数据采集系统中,计算机采集到的数据往往需要输出、显示、打印,或者用于调节或控制受控对象。在很多情况下,受控对象需要的是模拟量信号,而计算机采集和处理的则是数字量,这就需要进行 D/A 转换,即把计算机输出的数字量信号转换成模拟信号。这中间除 D/A 转换器外,还需要转换开关、功率驱动器以及光电耦合等器件。这些器件组合起来,就构成模拟信号输出通道。

9.4.1　D/A 转换器的工作原理与使用

D/A 转换是把数字量信号转换成模拟量信号的过程,其转换方式比较多,下面仅以两种为例,简单介绍一下 D/A 转换的方法。

1. 加权电阻网络 D/A 转换

加权电阻网络 D/A 转换法是用一个二进制数的每一位产生一个与二进制数的权成正比的电压,然后将这些电压加起来,就可得到与该二进制数所对应的模拟量电压信号。例如,让二进制数的第 0 位产生一个 $1V(2^0)$ 的电压信号,第 1 位产生 $2V(2^1)$ 的电压信号,第 2 位产生 $4V(2^2)$ 的电压信号,以次类推,第 n 位产生 2^n 的电压信号。再把这些电压加起来,就得到与原二进制数成正比的电压信号,这种转换方法就称为加权电阻网络法。

加权电阻网络法如图 9.26 所示,是一个 4 位二进制数的 D/A 转换器。它包括一个 4 位切换开关、4 个加权电阻的网络,一个运算放大器和一个比例反馈电阻 R_f。加权电阻的阻值按 8∶4∶2∶1 配置,相应的增益分别为 $-R_f/8R$、$-R_f/4R$、$-R_f/2R$ 和 $-R_f/R$。切换开关由二进制数来控制,当二进制数的某一位为 1 时,相应位的开关闭合,否则断开。当开关闭合时,输入电压 V_c 加在该位的电阻上,于是在放大器的输出端产生 $V_c＝\dfrac{R_f}{2^n R}$ 的电压。当输入数据为 b_3、b_2、b_1、b_0 时输出电压为

$$V_A＝-V_C R_f(b_3/R＋b_2/2R＋b_1/4R＋b_0/8R)$$

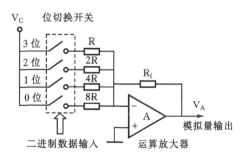

图 9.26　加权电阻网络 D/A 转换器

选用不同的加权电阻网络,就可得到不同编码数的D/A转换器。但是二进制数的位数较多时,加权电阻阻值的分散性增大,影响精度,给生产带来困难。

2. R－2R T形电阻网络D/A转换

实际应用的D/A转换器多采用R－2R T形电阻网络,其结构如图9.27所示,包括一个4位切换开关、4路R－2R电阻网络、一个运算放大器和一个比例电阻R_f。这种转换法与上述加权电阻网络法的主要区别在于电阻求和网络的形式不同。它采用分流原理实现对输入位数字量的转换。图中无论从哪一个R－2R的节点向上或者向下看,等效电阻都是2R,从b_3、b_2、b_1、b_0看进去的等效输入电阻都是3R,于是从每个开关流入的电流I可视为相等,即$\dfrac{V_c}{3R}$。这样由开关b_3

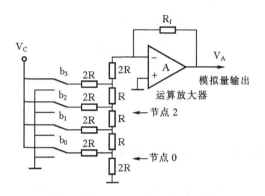

图9.27 T型电阻网络D/A转换器

～b_0流入运算放大器的电流依次为$\dfrac{1}{2}I$,$\dfrac{1}{4}I$,$\dfrac{1}{8}I$和$\dfrac{1}{16}I$。设$b_3b_2b_1b_0$为输入的二进制数,于是输出电压为

$$V_A=-R_f\sum Ii=-\frac{R_fV_c}{3R\times 2^4}(b_3 2^3+b_2 2^2+b_1 2^1+b_0 2^0)$$

这样就完成了由二进制数到模拟量电压信号转换。

3. DAC0832

DAC0832是一个8位单片D/A转换器,它的逻辑框图如9.28所示,采用R－2R T型网络转换法。它由二级缓冲寄存器和D/A转换电路组成,可直接与CPU总线联接。输入寄存器用来锁存数据总线上输入的数据。当输入锁存允许ILE、片选信号$\overline{CS}$和写$\overline{WR1}$同时有效时,数据总线(DI_7～DI_0)上的数据送输入寄存器锁存。当传送控制$\overline{XFER}$和写$\overline{WR2}$同时有效时,输入寄存器中的数据送DAC寄存器,然后由D/A转换电路进行转换,最后在I_{out1}和I_{out2}端

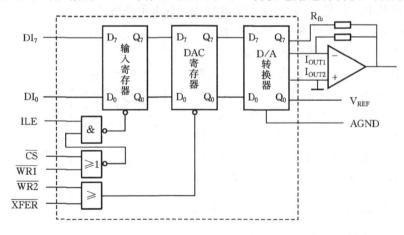

图9.28 DAC0832内部结构

获得模拟量输出。V_{REF} 为参考电压输入端,用来将外部基准电压与片内的 T 型电阻网络连接。R_{fb} 为反馈信号输入,片内已有反馈电阻,因此只需由 R_{fb} 端接入反馈信号即可。

根据不同的需要,DAC0832 有三种连接方式,一种是二级缓冲器型,即输入数据经过两级缓冲器后,送 D/A 转换电路。第二种是一级缓冲器型,输入数据经输入寄存器直接送入 DAC 寄存器,然后送 D/A 转换电路。第三种是直通,即输入数据直接送 D/A 转换电路进行转换,三种连接方式如图 9.29 所示。

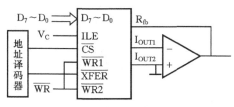

(a)二级缓冲器连接方式

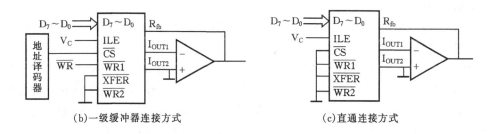

(b)一级缓冲器连接方式　　　　　　　　(c)直通连接方式

图 9.29　DAC0832 的三种连接方式

4. DAC0832 与单片机的连接

使用 DAC0832 进行 D/A 转换时,可选用双缓冲器工作方式,也可选用单缓冲器或直通工作方式,这些要根据实际需要而定。图 9.30 所示为 DAC0832 用单缓冲器工作方式作为单片机的模拟量输出接口。图中 ILE 接+5V 电压,$\overline{WR1}$、$\overline{WR2}$ 接 80C51 的 $\overline{WR}$ 输出端,片选信号 $\overline{CS}$ 和 $\overline{XFER}$ 接地址线 A0。DAC0832 作为单片机的一个外围 I/O 接口,口地址设为 00FEH。这样 CPU 只要执行一条输出指令,就可把数据直接写入 0832 的 DAC 寄存器,然后输出一个模拟量的电压信号。下面即为从图 9.30 输出锯齿波的程序:

```
#include <absacc.h>          //将绝对地址头文件包含在文件中
#define uchar unsigned char  //定义符号 uchar 为数据类型符 unsigned char
main()
{
  uchar x=0;
  while(1)
  {
    XBYTE[0xFE]=x;           //输出数据
    x++;
  }
}
```

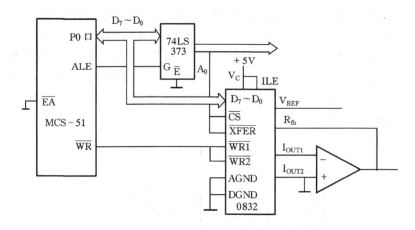

图 9.30　DAC0832 与单片机的连接

5. DAC1208

DCA1208 是一种高性能的 12 位 D/A 转换器,其系列产品有 DAC1208/1209/1210 等,内部结构如图 9.31 所示,包括 8 位/4 位输入寄存器、12 位 DAC 寄存器、12 位 D/A 转换电路及门控电路等。与 DAC0832 类似,DAC1208 也采用双缓冲器结构。其中第一级由高 8 位和低 4 位寄存器构成,第二级是 12 位的 DAC 寄存器。当 BYTE1/$\overline{\text{BYTE2}}$ 与 $\overline{\text{XFER}}$ 为高电平且 $\overline{\text{CS}}$ 与 $\overline{\text{WR1}}$ 有效时,高 8 位与低 4 位数据输入锁存;当 BYTE1/$\overline{\text{BYTE2}}$ 为低电平且 $\overline{\text{CS}}$ 与 $\overline{\text{WR1}}$ 有效时,仅低 4 位数据输入锁存。当 $\overline{\text{XFER}}$ 与 $\overline{\text{WR2}}$ 有效时,12 位数据送 DAC 寄存器进行 D/A 转换,由 I_{OUT1} 和 I_{OUT2} 输出模拟电流信号。

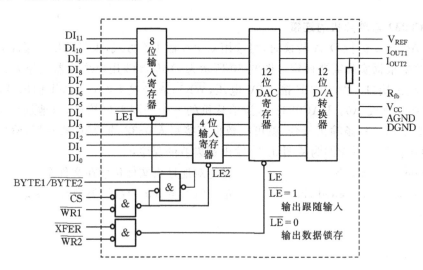

图 9.31　DAC1208 内部结构

DAC1208 有 24 个引脚,采用双列直插式结构,其功能如下:

(1) 输入线 $DI_{11} \sim DI_0$:共有 12 条,其中 $DI_{11} \sim DI_4$ 输入到高 8 位寄存器,$DI_3 \sim DI_0$ 输入到低 4 位寄存器。

(2) 输出线 I_{OUT1} 与 I_{OUT2}:共 2 条,电流输出。

（3）电源线 V_{CC}：$+5V\sim+15V$，以 $+15V$ 为好。

（4）参考电压 V_{REF}：$-10V\sim+10V$。

（5）地：

AGND：模拟地。

DGND：数字地。

（6）控制线：

R_{fb}：反馈电阻，可由内部提供，也可由外部接入。

$\overline{CS}$：片选信号，低电平有效。

$\overline{WR1}$：写信号 1，低电平有效，第一级缓冲器写入。

BYTE1/$\overline{BYTE2}$：高/低字节选择，高电平时高 8 位与低 4 位输入允许，低电平时仅输入低 4 位。

$\overline{WR2}$：写信号 2，低电平有效，第二级缓冲器写入。

$\overline{XFER}$：传送控制信号，低电平有效，允许 12 位数据传送到第二级缓冲器，进行 D/A 转换。

DAC1208 与 80C51 单片机的连接如图 9.32 所示，当 P2.5＝0，P2.6＝1，$\overline{WR}$ 有效时 DAC1208 输入高 8 位数据；当 P2.5＝0，P2.6＝0，$\overline{WR}$ 有效时输入低 4 位数据，且 12 位数所送 DAC 寄存器。

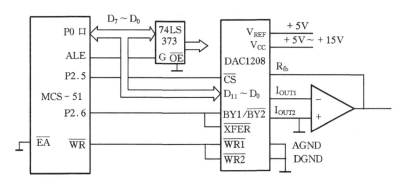

图 9.32　ADC1208 与单片机的连接

设有一个 12 位数据，高 8 位在寄存器 R1 中，低 4 位在 R0 中，该数据输出并进行 D/A 转换程序如下：

```
#include <absacc.h>              //将绝对地址头文件包含在文件中
#define uchar unsigned char      //定义符号 uchar 为数据类型符 unsigned char
main()
    {
    XBYTE[0xDFFF]= DBYTE[0x01];   //输出 R1 中数据
    XBYTE[0x9FFF]= DBYTE[0x00];   //输出 R0 中数据
    while(1);
    }
```

9.4.2　开关信号输出电路

由于单片机输出的 TTL 信号驱动能力较小，因此经常需要配置专门电路，以提高驱动能力。有时外电路需要较高的逻辑电平,所以也需要电平转换。

1. 单向驱动电路

在输出地址信号或单向开关控制信号时,可使用单向驱动电路。单向驱动电路可由晶体管构成,也可选用 TTL 门电路,譬如 74LS04、74LS125/126 等。在多路 TTL 信号输出时,一般选用三态门电路,譬如 74LS240/241/244 等。下面以 74LS244 为例说明单向驱动电路的使用。

74LS244 是一种 8 缓冲驱动器,由三态门电路构成,有 20 个引脚,采用双列直插式结构,可用于 8 路信号的输出。在与单片机连接时,常用作地址输出驱动器,其连接如图 9.33 所示。

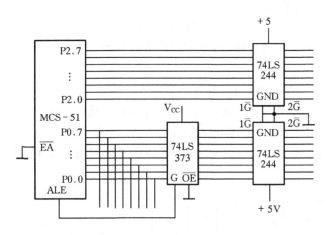

图 9.33　MCS-51 单片机与 74LS244 的连接

2. 双向驱动电路

传送数据时,有时输出,有时输入,这就需要使用双向驱动电路,常用的有 74LS242/243/245 等。下面以 74LS245 为例说明双向驱动电路的使用。

74LS245 由双向三态门电路构成,有 20 个引脚,采用双列直插式结构,在多路数据输入输出时用作数据总线驱动器,其连接如图 9.34 所示。

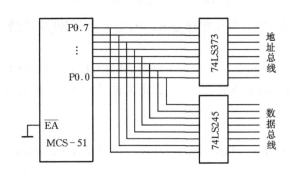

图 9.34　MCS-51 单片机与 74LS245 的连接

3. OC 门驱动电路

如果需要进一步提高输出信号的驱动能力或改变输出电压,可使用集电极开路的门电路,即 OC 门。OC 门电路可由晶体管构成,也可选用 TTL OC 门,如 7405/06/07、7416/17 等。这些 OC

门都具有高压输出功能,除用于提高驱动能力外,还可实现电平变换,驱动 MOS 电路。

其中 7407 驱动 PMOS 电路的连接如图 9.35 所示,最高输出电压可达 30V。

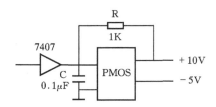

图 9.35　7407 与 PMOS 电路的连接

9.4.3　模拟信号输出电路

在过程控制中经常需要把计算机输出的电压(0～5V)信号转换成受控对象所需要的电流信号,以提高其驱动能力。D/A 转换器一般输出量较小,因此经常需要配置功率驱动器,这些电路统称为模拟信号输出电路。模拟信号输出电路有多种多样,下面仅举例说明其工作原理。

1. 0～5V 电压转换电流输出电路

0～5V 电压转换电流输出电路如图 9.36 所示,可把 0～5V 直流电压信号转换成 0～10mA 的电流信号。该电路是一种电压比较型跟随器,当 $V_f < V_{IN}$ 时,运算放大器 A_1 使输出 V_1 下降,A_2 输出的 V_2 上升,I_L 增大,于是 V_f 上升。当 $V_f > V_{IN}$ 时,A_1 的输出 V_1 上升,A_2 的输出 V_2 下降,I_L 减小,于是 V_f 下降。由此可见,当 $V_f \neq V_{IN}$ 时输出量自动调节,使 $V_f = V_{IN}$,于是 $I_L = \dfrac{V_{IN}}{R_7 + W}$。当 R_7、W 稳定性好,运算放大器 A_1、A_2 有较高的增益时,有较高的线性精度。当 $R_7 + W = 500\Omega$ 时,输出电流 I_L 为 0～10mA。

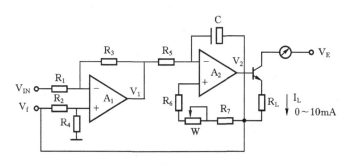

图 9.36　模拟信号输出电路一

2. 0～10V 电压转换电流输出电路

图 9.37 所示是把 0～10V 直流电压信号转换成 0～10mA 的直流电流输出电路。该电路实际上是一种电压-电流变速器,其输出电流与输入电压有着良好的线性关系。图中运算放大器接成差动输入方式,起比较器的作用,把输入信号 V_{IN} 与反馈信号 V_f 进行比较。晶体管 BG_1、BG_2 构成电流输出级。输出电流 I_0 经电阻 R_f 得到反馈电压 V_f,再经 R_3、R_4 加到运算放大器的两个输入端。由于有较强的电流负反馈,所以可获得良好的线性关系。反馈电阻的值与信号范围有关,当 $I_{IN} = 0～10V$ 时,$R_f = 200\Omega$,则 $I_0 = 0～10mA$。R_1、R_2 的参考值为 100kΩ,R_3、R_4 的参考值为 20kΩ。

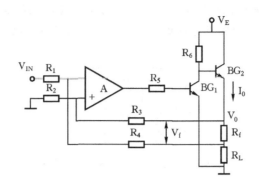

图 9.37　模拟信号输出电路二

9.5　光电隔离技术

在驱动大电流用电器或有较强干扰的设备时,常使用光电隔离技术,以切断单片机与受控对象之间的电气联系。目前常用的光电耦合器有晶体管输出型和晶闸管输出型。

9.5.1　晶体管输出型光电耦合器

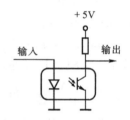

图 9.38　晶体管输出光电耦合器

晶体管输出型光电耦合器如图 9.38 所示,由发光二极管和光电晶体管构成。当电流流过发光二极管时,二极管发光,照射晶体管的基极,于是晶体管的 cb 之间和 ce 之间有电流流过,该电流与 ce 之间的电压 V_{ce} 关系甚小,主要由光照决定,即由发光二极管控制。光电晶体管集电极电流 I_c 与发光二极管电流 I_f 之比称为光电耦合器的电流传输比。目前,常用的晶体管输出光电耦合器有 4N25、4N33、TIL110 等,其中 4N33 是一种达林顿管输出型光电耦合器。4N25 与 TIL110 的电流传输比相近,≥20%;4N33 的电流传输比≥500%。

光电耦合器的电流传输比受发光二极管的电流影响。当二极管电流为 10~20mA 时,电流传输比最大;当发光二极管电流小于 10mA 或大于 20mA 时,电流传输比下降。

9.5.2　晶闸管输出型光电耦合器

晶闸管输出型光电耦合器由发光二极管和光敏晶闸管构成。由于光敏晶闸管有单向和双向之分,因此在构成光电耦合器的输入端有一定的电流流入时,晶闸管通导。

晶闸管输出型光电耦合器的内部结构以及构成输出电路的连接如图 9.39 所示。其中 4N40 是常用的单向输出型光电耦合器。当输入端有 15~30mA 电流时,输出晶闸管通导。输出端额定电压为 400V,额定电流为 300mA,输入输出隔离电压为 1500~7500V。4N40 的引脚 6 是输出晶闸管的控制端,不用时可通过电阻接阴极。MOC3041 是常用的双向晶闸管输出的光电耦合器,输入控制电流为 15mA,输出端额定电压为 400V。MOC3041 带有过零触发电路,最大重复浪涌电流为 1A,输入输出隔离电压为 7500V。

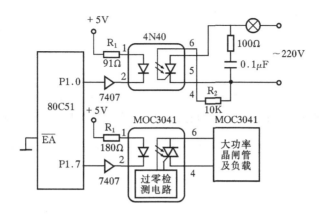

图 9.39　晶闸管输出光电耦合电路

9.6　V/F 与 F/V 转换电路

V/F(电压/频率)与 F/V(频率/电压)转换技术分别是 A/D 与 D/A 转换的另一种形式。前者的作用是把模拟量的电压信号转换成 TTL 电平脉冲的频率信号,而后者的作用则是把频率信号转换成电压信号。采用 V/F 和 F/V 转换技术,每路模拟信号仅需一位 I/O 引出线,输入输出方便,且具有较强的抗干扰能力,易于远距离传送,特别是用光纤传输时不受电磁场干扰。

9.6.1　V/F 转换电路

1. V/F 转换器工作原理

V/F 转换器实际上是一个受电压控制的多谐振荡器,或者说是频率随控制电压的变化而变的振荡电路。目前应用较多的是电荷平衡式 V/F 转换器。其电路如图 9.40 所示,主要由运算放大器 A 和 RC 电路组成的积分器、恒流源 I_R、模拟开关 S、零电压比较器和单稳态定时器构成。

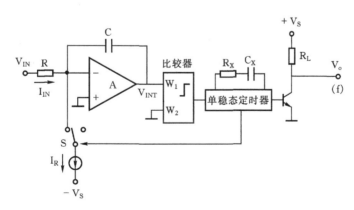

图 9.40　V/F 转换器原理图

假设开始时单稳态定时器输出低电平,恒流源与反相输入端开路。这时流过积分器的电流只有输入电流 I_{IN}。该电流对积分电容器 C 充电,使积分器输出 V_{INT} 下降。下降到 0V 时比较器翻转,触发单稳态定时器输出宽度为 t_0 的正脉冲,使模拟开关 S 闭合,恒流源向积分电容器 C 反向充电(也称为电容器放电),V_{INT} 上升。当 V_{INT} 上升到某一电压时,单稳态定时器复位,输出低电平,使模拟开关 S 开路,又由 I_{IN} 向积分电容器 C 充电,致使 V_{INT} 下降。其后,周而复始一直继续下去,即可得到一定频率的脉冲信号,其波形如图 9.41 所示。由于 $I_R \gg I_{IN}$,因此电容器反向充电电流以 I_R 为主,而 $I_{IN} = \dfrac{V_{IN}}{R}$。若合理选择正脉冲宽度 t_0,根据电容器充放电电荷平衡原理,则有

$$I_R t_0 = \frac{V_{IN}}{R} T$$

$$F = \frac{1}{T} = \frac{1}{I_R R t_0} V_{IN}$$

即脉冲频率 F 与输入电压 V_{IN} 成正比例关系。

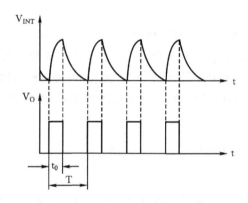

图 9.41　积分器与单稳态触发器输出波形

2. V/F 转换电路

目前,用于 V/F 转换的器件很多,譬如 ADVFC32、AD650、AD654、LM131/231/331 以及 VFC32、VFC100、VFC320 等。下面仅举例说明 V/F 转换器的使用。

ADVFC32 的内部结构与 V/F 转换连接电路如图 9.42 所示,有 14 个引脚,采用双列直插式结构。在连接使用时,主要外接的器件有电阻 R_{IN}、积分电容器 C_2、输出电阻 R_3 以及单稳定时器电容 C_1。这些器件的参数可由下列公式计算:

$$C_1 = \frac{3.3 \times 10^{-5}}{F_{max}} - 3.0 \times 10^{-11} \text{(F)}$$

$$C_2 = \frac{10^{-4}}{F_{max}} \text{ (F)} \quad (\text{不得小于 1000pF})$$

式中 F_{max} 是满量程输入 V_{INMAX} 时对应的输出频率。输出最高频率时所对应的输入电流为 0.25mA,所以

$$R_{IN} = \frac{V_{INmax}}{0.25} \quad \text{(k}\Omega\text{)}$$

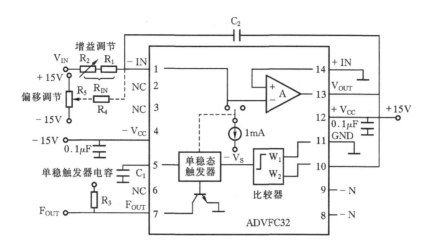

图 9.42 ADVFC32 内部结构与 V/F 转换连接电路

$$R_3 \geq \frac{+V_{逻辑}}{8} \quad (k\Omega)$$

以保证输出级吸收电流不大于 8mA。

为保证 V/F 转换器的稳定性，C_1 和 R_{IN} 须选择高质量的产品。其中 R_{IN} 由固定电阻 R_1 和可调电阻 R_2 组成，以补偿增益误差。为了保证覆盖范围，R_2 为 R_{IN} 的 20％，R_1 为 R_{IN} 的 80％，即有 ±10％ 的增益补偿量。R_4 和 R_5 用来调零，其值可在 $10\sim100k\Omega$ 之间，其温度系数应小于 100ppm/℃。R_4 约为 $1M\Omega$。

由于在一个周期内，积分电容器 C 的充电电量与放电电量相等。设放电时间为 t_0，放电电流为 1mA，充电电流为 $\frac{V_{IN}}{R_{IN}}$，则

$$1mA \times t_0 = \frac{V_{IN}}{R_{IN}} \times \frac{1}{F_{OUT}}$$

所以

$$F_{OUT} = \frac{V_{IN}}{1mA \times t_0 \times R_{IN}}$$

在用 V/F 转换器进行 A/D 转换时，单片机只要对 V/F 转换器输出的 F_{out} 计数，即可得到模拟电压 V_{IN} 所对应的数字量。

9.6.2 F/V 转换电路

F/V 转换器是用来把频率信号转换成模拟量电压的一种器件，在与单片机连接使用时可实现 D/A 转换功能。图 9.42 中的 ADVFC32 也可以连接成 F/V 转换器使用，其外部连接电路如图 7.43 所示。

在 F/V 转换中，频率信号由 F_{IN} 输入，送比较器。比较器翻转时触发单稳态触发器输出正脉冲，使 1mA 电流给积分电容器 C_2 充电。充电时间由电容器 C_1 决定。随着脉冲频率的增加，注入积分电容器 C_2 的电荷量成正比例增加。当充电电流与 R_1 和 R_2 上的漏电流相等时，电容器 C_2 两端的电压趋于稳定。这样，即得到幅值与输入频率成正比的电压信号。

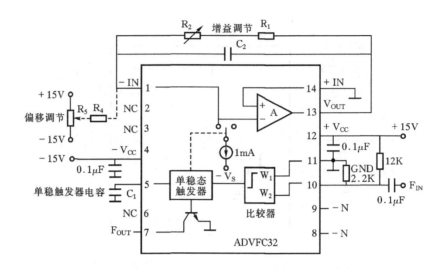

图 9.43　ADVFC32 用作 F/V 转换连接电路

若要求输入脉冲频率 $F_{IN}=10kHz$ 时输出电压 $V_{OUT}=10V$,可使 $R_1+R_2=40k\Omega$,$C_1=3650pF$,$C_2=0.01\mu F$。

习题

1. 试说明模拟输入通道的逻辑功能。
2. 举例说明模拟输出通道的逻辑功能。
3. 试说明拉力传感器的工作原理。
4. 试说明热电偶的工作原理。
5. 举例说明光敏(红外)传感器的工作原理。
6. 在模拟信号输入通道中,信号放大与整形的作用是什么？举例说明。
7. 举例说明采样保持器的工作原理和在模拟信号输入通道中的作用。
8. 举例说明多路转换开关的工作原理和在模拟信号输入通道中的作用。
9. 试说明逐次逼近 A/D 转换器的工作原理。
10. 试说明 ADC0809 的工作原理。
11. 试说明 AD574 的工作原理。
12. 试设计一个 8 路模拟量采集系统,并编写巡回采集程序。
13. 试说明加权电阻网络 D/A 转换器的工作原理。
14. 试说明 R-2R T 型电阻网络 D/A 转换器的工作原理。
15. 试说明 DAC0832 的工作原理及工作方式。
16. 试说明 DAC1208 的工作原理,并画出与 MCS-51 单片机的连接电路。
17. 试设计电路并编程序,使单片机通过 DAC0832 输出如下波形。

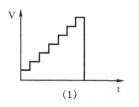
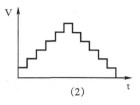

18. 试设计一个 12 路开关信号输出电路。

19. 试说明晶体管输出光电耦合器的工作原理。

20. 试说明 V/F 转换器的工作原理,举例说明 V/F 转换器的应用。

21. 试说明 F/V 转换器的工作原理。

第 *10* 章　单片机应用系统实例

前面章节介绍了单片机各部分的功能和应用,本章以综合实例的形式介绍单片机应用系统的开发过程和开发方法,这些例题都是单片机应用项目中常用的功能,这部分内容也可作为课程设计的内容。

10.1　电阻表的设计

1. 功能要求
电阻表可测量不同的电阻值,并在 4 位 LED 上显示。

2. 方案论证
按要求,系统采用 1 片 51 系列单片机、1 片 A/D 转换器 ADC0809 和 4 个共阴极七段 LED 显示器件。通过 ADC0809 的 IN0 进行测量,系统框图如图 10.1 所示。

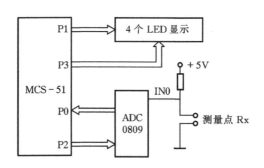

图 10.1　电阻表逻辑框图

3. 硬件电路设计
电阻表硬件电路如图 10.2 所示,由于 A/D 转换器的 CBA 接地线,因此当 P2.7 出现一次高脉冲时,可启动将 IN0 端的模拟信号转换为数字信号,转换结束信号可由 P2.5 查询,当 P2.5 为高电平时,转换结束,由 P2.6 打开 A/D 转换器的输出缓冲器,将数据量输出到 P0 口上。单片机通过 P0 口读到的数字信号 D 与 IN0 端的电压信号 V 成正比关系,即

$$V = \frac{D}{256} \times 5$$

根据分压公式计算得

$$R_x = \frac{V}{5-V} \times R$$

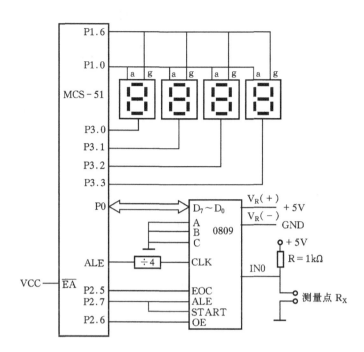

图 10.2　电阻表硬件电路图

单片机根据公式计算出电阻之后,由 4 个 LED 七段发光二极管显示电阻值,显示电路为动态显示电路,P0 口输出数字的段码,P3 口输出位码。

4. 程序设计

在系统上电后,实时检测电阻值,并进行显示,程序流程如图 10.3 所示。

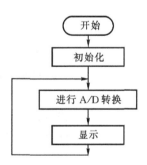

图 10.3　电阻表程序流程图

5. 程序清单

```
#include <reg51.h>              //将寄存器头文件包含在文件中
#define uchar unsigned char    //定义符号 uchar 为数据类型符 unsigned char
sbit start=P2^7;               //定义启动信号
sbit rd=P2^6;                  //定义读选通信号
sbit eoc=P2^5;                 //定义转换结束信号
```

```
    int rx;                              //定义电阻变量
//定义 0～9 的共阴极显示代码
code uchar Table[10]={0x3f,0x06,0x5b,0x4f,0x66,0x6d,0x7d,0x07,0x7f,0x6f};
int adc();                              //A/D 转换函数声明
void display();                         //显示函数声明
//主程序
main()
{
    start =0;
    rd=0;
    IE=0;                               //关闭所有中断
    while(1)
      {
      rx=adc();                         //调用 A/D 转换函数
      display();                        //显示电阻值
      }
}
//A/D 转换函数
int adc()
  {
    float v;                            //定义存放电压的变量
    uchar d;                            //定义存放采集值的变量
    start =1;                           //产生启动转换脉冲
    for (i=0;i<=200;i++);
    start =0;
    while(eoc==0);                      //未转换结束,则等待
    rd=1;                               //转换结束,设置读允许
    d=P0;                               //读采集值数据
    rd=0;                               //关闭读允许
    v=5.0 * d/256;                      //计算电压值
    return (v * 1000/(5-v));            //计算电阻值,并返回
  }
//显示函数
void display();
  {
    uchar xx[4];                        //定义数组,存放 rx 的各位
    uchar i;
    uchar com;
    xx[0]=rx/1000;                      //存千位
```

```
xx[1]=(rx%1000)/100;              //存百位
xx[2]=(rx%100)/10;                //存十位
xx[3]=rx%10;                       //存个位
com =0xfe;                         //位选线初值
  for (i=0; i<=4; i++)
  {
  P3=0xff;                         //黑屏
  P1=Table[xx[i]];                 //取显示代码并显示
  P3=com;                          //位选通
  com=_crol_( com,1);              //改变位选信号
  }
}
```

10.2 交通灯控制系统设计

1. 功能要求

十字路口东西向和南北向都有红、黄、绿 3 种颜色的灯,东西向为主干道,南北向为支干道,东西向绿灯与南北向的红灯同时亮 50 秒后,两个方向的黄灯亮 3 秒,然后东西向红灯与南北向的绿灯同时亮 20 秒,两个方向的黄灯再亮 3 秒,又使东西向绿灯与南北向的红灯同时亮。

2. 方案论证

按要求,系统采用 1 片 51 系列单片机,红、黄、绿显示灯各两个。

3. 硬件电路设计

单片机与显示灯的连线如图 10.4 所示,P1.0~P1.2 上连接的显示灯为东西向交通灯,P1.3~P1.5 上连接的显示灯为南北向交通灯。

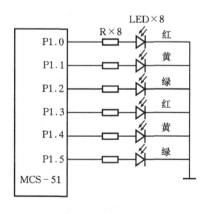

图 10.4 交通灯电路图

4. 程序设计

根据题目要求,交通灯工作流程如图 10.5 所示。定时时间可用软件延时实现,也可用单

片机中的定时器实现,本题中选用定时/计数器 0 产生定时时间。

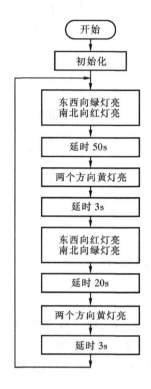

图 10.5　交通灯工作流程图

假设系统时钟为 12MHz,则定时/计数器的最大定时时间为 65ms,为产生 50s、20s 和 3s 的定时,可使定时/计数器 0 工作于中断方式,定时时间为 10ms。那么 50s、20s 和 3s 的时间就转换为定时/计数器 0 中断 5000,2000 和 300 次。

定时/计数器 0 产生 10ms 的定时,计数值 N 为 10000,选方式 1,计数初值 X:

$$X=65536-10000=55536=1101100011110000B$$

则 $TH0=11011000B=D8H$,$TL0=11110000B=F0H$。

根据分析,可将交通灯的流程分为 4 个工作段,用 n 记录当前的工作段,用 count 记录每个工作段中断的次数。程序分为主程序和定时/计数器 0 的中断服务程序。

在主程序中,根据 n 的值,进行交通灯状态的切换和 count 值的设定,在中断服务程序中对 n 和 count 值进行修改,以便确定定时时间和下一个工作状态。这样交通灯的程序流程就转换为图 10.6 的主程序流程和图 10.7 的中断服务程序流程。

5. 程序清单

```
//主程序
#include <reg51.h>    //包含特殊功能寄存器库
int n,count,flag;
void main()
{
```

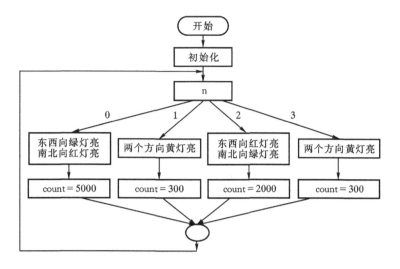

图 10.6　交通灯主程序流程图

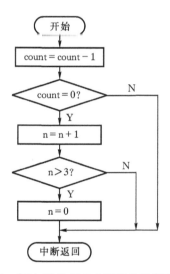

图 10.7　定时/计数器的中断服务程序流程图

```
TMOD=0x01;
TH0=0xD8;
TL0=0xf0;
EA=1;
ET0=1;
n=0;
TR0=1;
flag=0;
while(1)
{
    switch(n)
```

```
    {
    if(flag==0)
    {
        case 0：{P1=0x0c；count=5000；break；}
        case 1：{P1=0x12；count=300；break；}
        case 2：{P1=0x21；count=2000；break；}
        case 3：{P1=0x12；count=300；break；}
    }
    }
}
//中断服务程序
void time0_int(void) interrupt 1
{
    flag=1；
    TH0=0xD8；
    TL0=0xf0；
    count－－；
    if (count==0)
    {
        flag=0；
        n++；
        if (n>3) n=0；
    }
}
```

10.3 电子表设计

1. 功能要求

用 6 位 LED 显示时、分、秒值,以 24 小时计时方式工作,可用开关调整时间值和闹铃时间。

2. 方案论证

按要求,系统采用 1 片 51 系列单片机、6 个共阴极七段 LED 显示器件、6 个按键的键盘和一个扬声器。为节省系统资源,本题采用串行控制的方式,系统控制电路中只用一个并行口 P1,系统框图如图 10.8 所示。

3. 硬件电路设计

系统中的 6 个共阴极七段 LED 显示器件可根据工作状态显示当前时间或闹铃时间。系统开始工作时,6 个 LED 上都显示 0,然后用 6 个按键进行系统状态的切换。各键功能定义如下:

K1 键:启动定时,并显示当前时间。

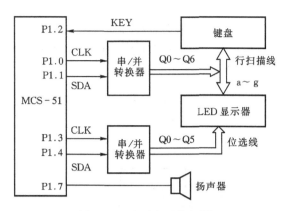

图 10.8　电子表系统框图

K2 键:停止定时,显示停止时的时间。

K3 键:显示当前时间,并将当前时间向上调。

K4 键:显示当前时间,并将当前时间向下调。

K5 键:显示闹铃时间,并将闹铃时间向上调。

K6 键:显示闹铃时间,并将闹铃时间向下调。

闹铃时间到则响铃,铃响一定时间后停止。具体电路如图 10.9 所示。

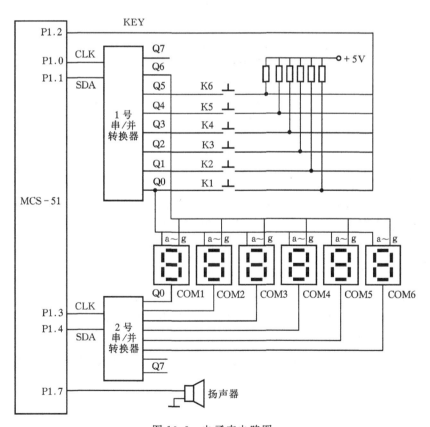

图 10.9　电子表电路图

4. 程序设计

按要求,系统程序分为主程序、中断服务程序和各种功能子程序。

主程序主要完成系统的初始化、接收键值并根据键号实现不同功能,以及判断闹铃时间到,如果时间到,则启动响铃,程序流程如图 10.10 所示。

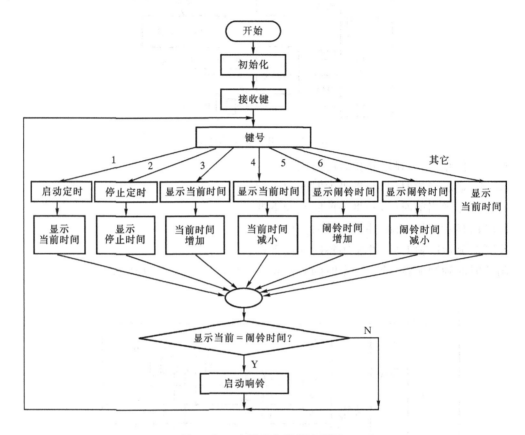

图 10.10　电子表主程序流程图

中断服务程序包括定时/计数器 0 和定时/计数器 1 的中断服务程序,定时/计数器 0 的中断服务程序实现 50ms 定时,并每中断 20 次就修改当前的时、分、秒值,定时/计数器 1 的中断服务程序实现响铃功能和控制响铃一段时间后停止响铃。

为便于程序设计,程序中的一些独立功能都写成子程序,包括串/并转换程序、延时程序、修改时间程序,显示程序等。这些程序流程图略。

5. 程序清单

```
#include <reg51. h>              //包含特殊功能寄存器库
#include <intrins. h>
#define uchar unsigned char      //定义符号 uchar 为数据类型符 unsigned char
//定义 0~9 的共阴极显示代码
code uchar Table[10]={0x3f,0x06,0x5b,0x4f,0x66,0x6d,0x7d,0x07,0x7f,0x6f};
//定义单片机 P1 口的功能
```

```c
sbit CLK1 = P1^0;
sbit SDA1 = P1^1;
sbit CLK2 = P1^3;
sbit SDA2 = P1^4;
sbit KEY = P1^2;
sbit SOUND= P1^7;
int h1,m1,s1;              //定义存放当前时间的变量
int h1,m1,s1;              //定义存放闹铃时间的变量
int count1,count2;         //存放定时/计数器 0 和定时/计数器 1 的中断次数
uchar dis[6];              //存放 6 个显示位
//延时程序
void delay()
{
  unsigned int j;
  for (j=0; j<100; j++)
  {}
}
//1 号串/并转换程序
void send(unsigned char a)
{
  unsigned char i;
  for (i=0; i<8; i++)
  {
    if(_crol_(a,i)&0x80)
    SDA1=1;
    else
    SDA1=0;
    CLK1=0;
    CLK1=1;
  }
}
//2 号串/并转换程序
void send(unsigned char a)
{
  unsigned char i;
  for (i=0; i<8; i++)
  {
    if(_crol_(a,i)&0x80)
    SDA2=1;
```

```
        else
        SDA2=0;
        CLK2=0;
        CLK2=1;
        }
    }
//显示程序
void display(int h,int m,int s)
{
    int i,com=0xfe;
    dis[0]=h/10;dis[1]=h%10;        //分离时的高位和低位
    dis[2]=m/10;dis[3]=m%10         //分离分的高位和低位
    dis[4]=s/10;dis[5]=s%10         //分离秒的高位和低位
    for(i=0;i<6;i++)                //显示 6 位数
        {                          //黑屏
        x=send2(0xff);table[dis[i]];
        send1(x);                   //发送段码
        send2(com);                 //发送位码
        delay();                    //延时
        com=_crol_(com,1)           //改变位码
        }
}
//时间增加程序
void time_add(int h,int m, int s)
{
    s++;
    if(s==60)                       //如果秒值为 60,分值加 1,秒值清 0
    {
        m++;
        s=0;
        if(m==60)                   //如果分值为 60,时值加 1,分值清 0
        {
            h++;
            m=0;
            if(h==24)               //如果时值为 24,时清 0
            {
                h=0;
            }
        }
```

```c
    }
}
//时间减小程序
void time_add(int h,int m, int s)
{
    s--;
    if(s<0)                         //如果秒值小于0,分值减1,秒值置为59
    {
        m--;
        s=59;
        if(m<0)                     //如果分值小于0,时值减1,分值置为59
        {
            h--;
            m=59;
            if(h<0)                 //如果时值小于0,时位置为23
            {
                h=23;
            }
        }
    }
}
//定时/计数器0的中断服务程序
void time0_int(void) interrupt 1
{
    TH0=0x3c;                       //以12MB算50ms
    TL0=0xb0;
    count1++;
    if (count1==20)                 //50 ms * 20=1s
    {
        time_add(h1,m1,s1);
        count1=0;
    }
}
//定时/计数器1的中断服务程序
void time2(void) interrupt 3
{
    TH1=0xFD;
    TL1=0x80;
    SOUND=~ SOUND;                  //振荡发声
```

```
    if (count2==1000)              //发声一定时间停止
      {   TR1=0;
          count2=0;
      }
}
//主程序
void main(void)
{
    int flag;
    TMOD=0x11;                     //定时器工作方式
    IE=0x8A;                       //开放定时器中断
    TR0=1;TR1=0;                   //启动定时/计数器 0 工作,停止定时/计数器 1 工作
    while(1)
      {
        jkey=0xfe;                 //键盘行扫描初值
        flag=0;
        for(i=0;i<6;i++)           //扫描键
          {
            send(jkey);
            if(! KEY)
            { flag=1; break; }
            else
            jkey=_crol_(jkey,1);
          }
        if (flag==1)               //如果有键按下,则转到相应功能
          {
            switch(i)
            {
            case 0:{TR0=1; display(h1, m1, s1); break; }
            case 1: {TR0=0; display(h1, m1, s1); break; }
            case 2: {time_add(h1,m1,s1); display(h1, m1, s1); break; }
            case 3: {time_dec(h1,m1,s1); display(h1, m1, s1); break; }
            case 4: {time_add(h2,m2,s2); display(h2, m2, s2); break; }
            case 5: {time_dec(h2,m2,s2); display(h2, m2, s2); break; }
            }
          }
        else                       //如果无键按下,则显示当前时间
          display(h1, m1, s1);
        //判断当前时间与闹铃时间是否相等,相等则响铃
```

```
    if(h1==h2 && m1==m2 && s1==s2)
        { TR1=1; }
    }
}
```

10.4 简易电子琴设计

1. 功能要求

用键盘上的数字 1～7 代替电子琴键,演奏音符,音调可在低音、中音和高音之间进行切换。

2. 方案论证

按要求,系统采用 1 片 51 系列单片机、1 个扬声器和 8 个按键开关。系统框图如图 10.11 所示。

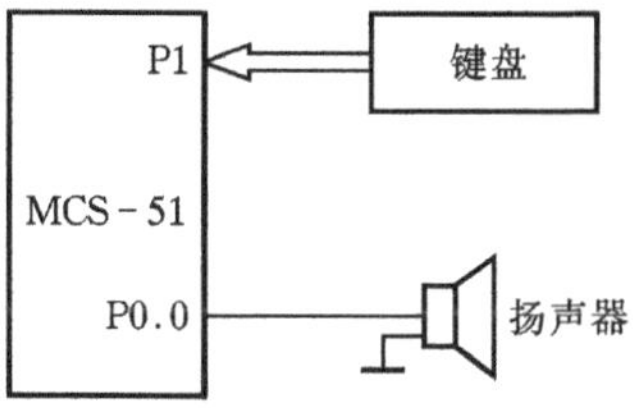

3. 硬件电路设计

系统中 8 个键采用独立连接方式,由 P1 口接收键值,1～7 号键用于控制音符。8 号键用于音区切换,8 号键未按下为低音,按一次为中音,按 2 次为高音,按第 3 次又回到低音。简易电子琴电路如图 10.12 所示。

图 10.11 简易电子琴系统框图

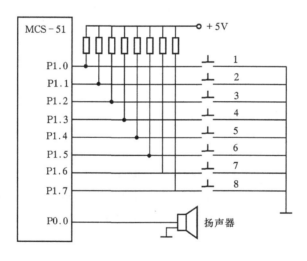

图 10.12 简易电子琴电路图

4. 程序设计

扬声器发声的频率可由定时/计数器 0 的计数值确定,在程序中可定义 3 个音区 1～7 对应的计数初值,然后根据按键情况查表后对定时/计数器 0 写初值,在定时/计数器 0 的中断服务程序中对扬声器的控制端变反即可控制扬声器发出不同频率的声音,程序流程如图 10.13 所示。

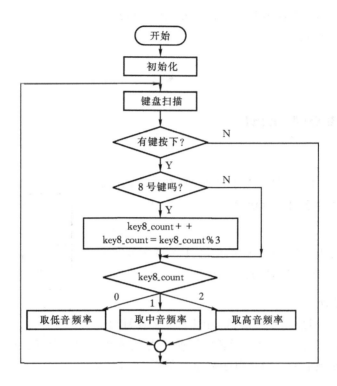

图 10.13　简易电子琴程序流程图

5. 程序清单

```
#include <reg51.h>
#include <intrins.h>
#define uchar unsigned char
#define uint unsigned int
sfr16 T0=0x8A;              //定义 16 位特殊功能寄存器 T0
sbit BEEP=P0.0;            //扬声器控制端
uint t0_f;                 //在中断服务程序中装载的 T0 的值
code unint char freq[21]={  //定义音符的频率表
    0x220,      // 低音 1
    0x247,      // 低音 2
    0x277,      // 低音 3
    0x294,      // 低音 4
    0x330,      // 低音 5
    0x370,      // 低音 6
    0x415,      // 低音 7
    0x440,      // 中音 1
    0x494,      // 中音 2
    0x554,      // 中音 3
```

```
        0587,        // 中音 4
        0x659,       // 中音 5
        0x740,       // 中音 6
        0x831,       // 中音 7
        0x880,       // 高音 1
        0x988,       // 高音 2
        0x1109,      // 高音 3
        0x1175,      // 高音 4
        0x1318,      // 高音 5
        0x1480,      // 高音 6
        0x1661,      // 高音 7
    };
//定时/计数器 0 的中断服务程序,用于产生唱歌频率
timer0() interrupt 1
{
    TL0=t0_f & 0xff;
    TH0=t0_f>>8;                        //调入预定时值
    BEEP=~BEEP;                         //扬声器控制端变反
}
//主程序
void main(void)
{
    uchar key, key8_count;
    TMOD = 0x01;                        //使用定时器 0 的 16 位工作模式
    TR0 = 0;
    ET0 = 1;
    EA = 1;
    while(1)
      {
        //读键值
        flag=0;
        key=P1;
        for(i=0;i<8;i++)
          {
            if((_cror_(keg,i)&0x01)==0)
              {
                flag=1;
                break;
              }
          }
```

```
            }
        //根据键值完成不同的功能
        if (flag==1)
          {
            if (i==7)
              {
                key8_count++;
                key8_count= key8_count%3;
              }
            else
              {
                switch(key8_count)
                  {
                    case 0：t0_f=freq[i]； break；        //置低音区一个音符的值
                    case 1：t0_f=freq[i+7]； break；      //置中音区一个音符的值
                    case 2：t0_f=freq[i+14]；            //置高音区一个音符的值
                  }
                TR0 = 1;
                for(n=0;n<10000;n++);                   //延时
                TR0=0;
                BEEP=1;
              }
          }
      }
  }
```

10.5　基于 PWM 的直流电机调速系统设计

1. 功能要求

设计一个用脉冲宽度调制(PWM)的方法控制直流电机转速的系统,由按键设置电机转动速度。

2. 方案论证

直流电机具有优良的调整特性,即调整平滑,方便,范围广,且过载能力强,能承受频繁的冲击负载,可实现无极快速启动、制动、调速和反转,能满足生产过程自动控制中的许多特殊要求。因此,在许多场合中占有特殊的地位。

对于直流电机调速的方法常用的有 2 种方法,分别为改变电枢电压和改变电枢回路电阻,其中最常用的方法通过改变电枢电压的方法实现调速,即调压调速。调压调速可以通过模拟的方式,也可以通过数字的方式。数字调压调速常采用 PWM 的方式,通过改变 PWM 信号的占空比,从而改变电机电枢上的平均电压来实现调速,PWM 信号的占空比越大,电机的速度越高,反之则相反。控制曲线如图 10.14 所示。

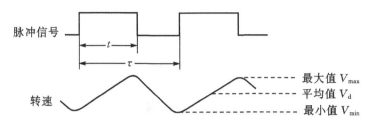

图 10.14　PWM 调速控制曲线

设 t 为通电时间,τ 为脉冲周期,则 $D=\dfrac{t}{\tau}$ 称为占空比。改变占空比,即可调整小型直流电机的转速。用 V_{max} 表示直流电机全通电时的最大转速,V_d 表示平均转速,则:

平均转速 $V_d \approx V_{max} \cdot D$

平均转速 V_d 与占空比的函数曲线如图 10.15 所示,近似于直线关系。

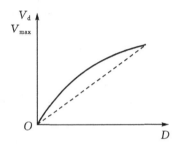

图 10.15　占空比与平均速度的关

3. 硬件电路设计

直流电机驱动控制电路如图 10.16 所示。在直流电机驱动电路中,常用"H 桥驱动电路",H 桥电机驱动电路主要由 4 个功率管以及吸收电路组成。图中要使电机运转,必须使 H 桥电机驱动电路对角线上的一对三极管导通。驱动电机时,必须保证 H 桥的同侧上、下桥臂的两个功率管不同时导通。如果三极管 Q1 和 Q3 或者 Q2 和 Q4 同时导通,那么电流就会从正极穿过两个功率管直接流回到电源负极,此时,电路中除了功率管外没有其他任何负载,因此电路上的电流就可能达到最大值,极有可能烧坏功率管,所以,在 PWM 输出控制电机驱动时,为了使 H 桥驱动电路同侧上、下桥臂的两个功率管不会因为开关速度问题发生同时导通而设置的一个保护时间,这个时间被称为死区时间,也指 PWM 响应时间。图中 U5(TLP521－4)为光电耦合器,用于控制电路和被控电路的电气隔离,防止被控电路对控制电路的干扰。

在 MCS－51 单片机输出 PWM 波对直流电机进行调速的电路中,用 P1.0 和 P1.1 输出脉冲控制信号,用 P3.2 和 P3.3 连接两个独立按键,通过按键来改变 PWM 信号的占空比,达到调速的目的。其中,与 P3.2 连接的按键用来增加 PWM 信号的占空比,用于控制电机加速;与 P3.3 连接的按键用来减小 PWM 信号的占空比,用于控制电机减速。直流电机控制状态如表 10.1 所示,可实现正转、反转、滑行和刹车功能。

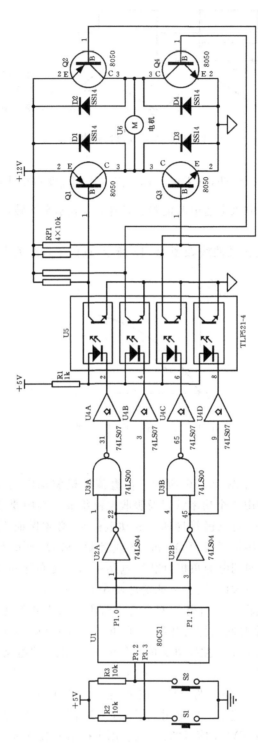

图 10.16　直流电机驱动控制电路

表 10.1　直流电机控制状态表

P1.1	P1.0	Q1	Q2	Q3	Q4	状态
0	0	截止	截止	导通	导通	刹车
0	1	截止	导通	导通	截止	正转
1	0	导通	截止	截止	导通	反转
1	1	截止	截止	截止	截止	滑行

4. 程序清单

在 MCS-51 单片机上,PWM 信号占空比的改变可以通过两种方法来实现,一种是采用软件延时的方法,另外一种是通过定时/计数器的方法。程序一是采用软件延时的方法实现的,程序二是采用/计数器的方法实现的。

程序一:

```
#include <reg51.h>
#define Frequency 150;              //定义软件延时参数
char Duty;                          //占空比
unsigned char Add_Sub;
unsigned int Time_1;
unsigned int Time_2;
sbit P1_0 = P1^0;
sbit P1_1 = P1^1;

void Delay(unsigned int t)          //软件延时函数
{
    unsigned int i;
    for(i=0;i<t;i++)
    {
        ;
    }
    return;
}

void Motor(unsigned char State)     //电机运转控制函数
{
    if(State == 1)                  //正转
    {
        P1_0 = 1;
        P1_1 = 0;
    }
```

```
        else if(State == 2)                         //反转
        {
            P1_0 = 0;
            P1_1 = 1;
        }
        else if(State == 3)                         //刹车
        {
            P1_0 = 0;
            P1_1 = 0;
        }
        else if(State == 4)                         //滑行
        {
            P1_0 = 1;
            P1_1 = 1;
        }
        return;
    }


    void Interrupt0(void) interrupt  0   using  1   //外部中断 0 响应程序
    {
        EX0 = 0;
        Add_Sub = 1;
        EX0 = 1;
        return;
    }


    void Interrupt1(void) interrupt  2   using  2   //外部中断 1 响应程序
    {
        EX1 = 0;
        Add_Sub = 2;
        EX1 = 1;
      return;
    }


    void MCU_Init(void)                             //初始化,外部中断配置
    {
        EA = 1;
        EX0 = 1;
        IT0 = 1;
```

```
    EX1 = 1;
    IT1 = 1;
    return;
}


void main(void)                                    //主程序
{
    MCU_Init();
    Duty =50;
    while(1)
    {
        if(Add_Sub ! =0)                           //通过按键改变占空比
        {
            if(Add_Sub == 1)                       //占空比增加 10%
            {
                Duty = Duty+10;
                if(Duty > 100)
                {
                    Duty = 100;
                }
            }
            else if(Add_Sub == 2)                  //占空比减小 10%
            {
                Duty = Duty-10;
                if(Duty<0)
                {
                    Duty = 0;
                }
            }
            Time_1=(Duty/100.0) * Frequency;       //计算占空比参数
            Time_2=(1-Duty/100.0) * Frequency;     //计算占空比参数
            Add_Sub = 0;
        }
        Motor(1);//电机正转
        Delay(Time_1);
        Motor(4);
        Delay(Time_2);
    }
}
```

程序二：

```c
#include <reg51.h>
char Duty;                              //定义占空比参数
sbit P1_0 = P1^0;
sbit P1_1 = P1^1;

void Motor(unsigned char State)         //电机运转控制函数
{
    if(State == 1)                      //正转
    {
        P1_0 = 1;
        P1_1 = 0;
    }
    else if(State == 2)                 //反转
    {
        P1_0= 0;
        P1_1= 1;
    }
    else if(State == 3)                 //刹车
    {
        P1_0= 0;
        P1_1= 0;
    }
    else if(State == 4)                 //滑行
    {
        P1_0= 1;
        P1_1= 1;
    }
    return;
}

void Interrupt0(void) interrupt  0  using 1    //外部中断 0 响应程序
{
    EX0 = 0;
    Duty++;                             //占空比增加 10%
    if(Duty > 10)
    {
        Duty = 10;
    }
```

```c
    EX0 = 1;
  return;
}


void Timer0(void) interrupt   1   using   2        //定时/计数器 0 中断响应程序
{
    static unsigned char i;
    TR0 = 0;
    TF0 = 0;
    i++;
    if(i<=Duty)
    {
        Motor(1);
    }
    else if((i>Duty)&&(i<=10))
    {
        Motor(4);
        if(i>=10)
        {
            i=0;
        }
    }
    TH0 = 0xFF;
    TL0 = 0x47;
    TR0 = 1;
    return;
}
void Interrupt1(void) interrupt   2   using   3     //外部中断 1 响应程序
{
    EX1 = 0;
    Duty--;                                 //占空比减小 10%
    if(Duty<0)
    {
        Duty = 0;
    }
    EX1 = 1;
    return;
}
```

```
void MCU_Init(void)                          //初始化,外部中断和定时器配置
{
    EA = 1;
    EX0 = 1;
    IT0 = 1;
    EX1 = 1;
    IT1 = 1;
    TMOD = 0x01;
    ET0 = 1;
    TH0 = 0xFF;                               /11.0592MHz,0.2ms
    TL0 = 0x47;
    TR0 = 1;
    return;
}

void main(void)                              //主程序
{
    MCU_Init();
    Duty = 5;                                //设置默认占空比为 50
    while(1)
    {
    }
}
```

通过两个按键,即可改变 PWM 信号的占空比,从而达到调速的目的,另外通过改变 Motor() 函数的传递参数,可改变电机的运动状态。

10.6 基于 PID 算法的微型直流电机速度控制系统

1. 功能要求

设计一个微型直流电机速度控制系统,由按键设置电机转速,转速设定后,在负载变化的情况下,转速保持不变。

2. 方案论证

根据系统的功能要求,电机的转速设定后,在负载变化的情况下,要保持电机的转速不变,可知该系统为闭环控制系统,需要对电机的转速进行实时监控,把实测转速与设定转速的偏差量根据一定的算法换算成控制参数,控制电机的转速,使电机的实际转速与设定转速一致,其控制过程如图 10.17 所示。

由上述分析可知,该系统的难点不是硬件电路的设计,而是控制算法的实现。在机电一体化及工业自动化控制领域,PID 控制算法由于其简单,稳定性很好,鲁棒性强和可靠性高等优点,被广泛应用。

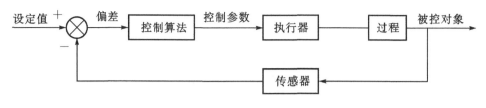

图 10.17　系统控制过程

本系统采用模拟的方式改变电枢电压对电机的速度进行控制,其系统框图如图10.18所示。

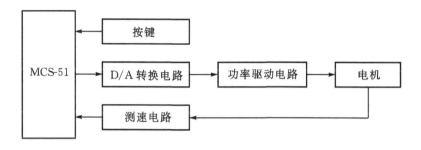

图 10.18　系统框图

3.硬件电路设计

微型直流电机速度控制系统的电路原理图如图 10.19 所示。

独立按键与单片机的外部中断$\overline{INT1}$连接,采用中断的方式,可以快速响应外部请求,并且几乎不占用系统资源,这样就能保证系统有足够的资源处理控制算法。

DAC0832 以及 U2A(LM324)组成 D/A 转换电路,DAC0832 采用二级缓冲的连接方式,参考电压 V_{ref} 采用负电压供电,输出为单极性 0～5V 输出。

功率驱动电路主要由 U2B(LM324)、Q1(NPN 三极管)以及与 NPN 三极管发射极连接的电流采样电阻 RS 组成,通过控制 U2B(LM324)第 5 引脚的电压,就可以控制三极管输出的电流,从而可以控制电机的转速。

测速电路由光栅盘、槽型对射式光电传感器(GK105)等组成。当光栅盘的孔位于光电传感器的槽型结构正中时,光电二极管发出的光通过光栅盘的孔,到达光敏三极管时,光敏三极管导通,集电极输出低电平;当光电二极管发出的光被光栅盘挡住时,光敏三极管截止,集电极输出高电平,这样,光敏三极管的集电极就会输出一组频率正比于电机转速的脉冲信号,这些脉冲信号与单片机的 P3.2 和 P3.5 引脚,由单片机对脉冲信号频率进行测量,从而计算出当前电机的转速,把实测转速与设定转速的偏差量根据 PID 算法换算成 D/A 转换电路的输出电压,从而控制电机的转速,是使电机的实际转速与设定转速相等。

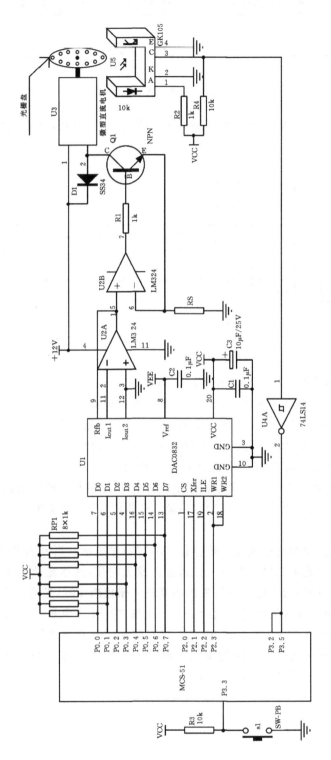

图 10.19 微型直流电机速度控制系统原理图

4. 程序设计

本系统的程序主要由三部分组成,分别为 D/A 转换、速度测量、PID 控制算法,其中速度测量、控制算法为本系统的难点。

为了精确测量电机的转速,系统采用定时/计数器 0、定时/计数器 1 以及外部中断 $\overline{\text{INT0}}$ 相结合的方式,定时/计数器 0 工作于定时模式,完成单位时间的定时,定时/计数器 1 工作于计数模式,完成单位时间内对外部脉冲信号的计数,定时/计数器 0 和定时/计数器 1 通过外部中断 $\overline{\text{INT0}}$ 启动,电机转速(圈/分钟)＝脉冲频率(/秒)×60÷N,N 为光栅盘上孔的个数,本程序以 N＝12 计算。

本系统程序的控制算法采用数字增量式 PID 控制算法,PID 控制原理框图如图 10.20 所示。

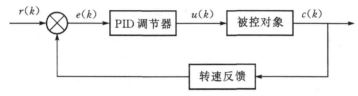

图 10.20　PID 控制原理框图

增量式 PID 控制算法流程如图 10.21 所示,其中 $e(k)$ 为当前误差,$e(k-1)$ 为上一次误差,$e(k-2)$ 为上上一次误差。

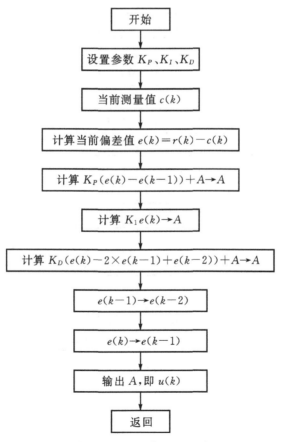

图 10.21　PID 算法流程图

数字 PID 控制算法具有非常强的灵活性,但比例(P)、积分(I)和微分(D)三个参数的选择比较困难,特别是在对电动机的控制中,要求系统运行是稳定的,在负载变化时,被控制量应能迅速、平稳地被跟踪、控制,参数的选择往往需要通过理论设计和试验确定相结合的办法来实现。

本系统的流程图如图 10.22 到 10.25 所示。

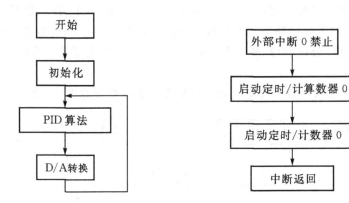

图 10.22　主程序流程图　　　图 10.23　外部中断$\overline{\text{INT0}}$处理程序流程图

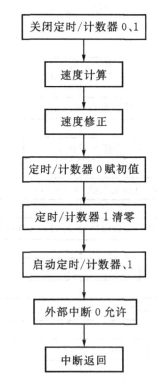

图 10.24　定时/计数器 0 处理程序流程图

5. 程序清单

#include <reg51.h>

#include <intrins.h>

#include<absacc.h>

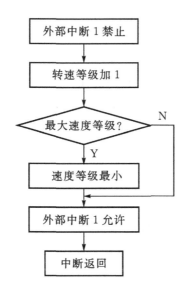

图 10.25 外部中断 $\overline{INT1}$ 处理程序流程图

```c
#define Proportion (3)                    //比例常数
#define Integral   (2)                    //积分常数
#define Derivative (1)                    //微分常数
#define SetControl (127)                  //设定的控制量
sbit DAC_CS=P2^0;
sbit DAC_Xfer=P2^1;
sbit DAC_ILE=P2^2;
sbit DAC_WR=P2^3;
sbit P3_5=P3^5;
volatile float Rate;
volatile char Rate_Grade;
volatile unsigned char SetPoint;
unsigned char code SetPointData[5]={20,30,40,50,60};

unsigned int PID_Calculate(unsigned int CurrentPoint) //PID算法
{
    int iIncpid;
    static struct PID
    {
        int E0;                           //计算当前误差
        int E1;                           //前一次误差
        int E2;                           //最早误差
        int Control;                      //当前控制量
    }PID;
```

```
    PID. E0＝SetPoint－CurrentPoint;                //当前误差计算 E0
    PID. E2＝PID. E1;                              //更新偏差 E2
    PID. E1＝PID. E0;                              //更新偏差 E1
    iIncpid＝(Proportion ＊ (PID. E0 － PID. E1)＋ Integral ＊ PID. E0 ＋ Derivative ＊
        (PID. E0－2 ＊ PID. E1＋PID. E2))/10. 0;
    PID. Control＋＝iIncpid;
    if(PID. Control＞128)                          //数据修订
    {
        PID. Control＝128;
    }
    else if(PID. Control＜＝－127)
    {
        PID. Control＝－127;
    }
    return (SetControl＋PID. Control);             //返回控制量
}


void DAC_0832(unsigned char DA_Data)              //D/A 转换函数
{
    P0＝DA_Data;                                   //数据加载
    DAC_ILE＝1;
    DAC_CS＝ 1;
    DAC_WR＝0;                                     //WR1/2＝0,输入锁存
    _nop_();
    DAC_WR＝1;                                     //WR1/2＝1
    _nop_();
    DAC_Xfer＝0;                                   //Xfer＝0
    DAC_WR＝0;                                     //WR1/2＝0
    _nop_();
    DAC_WR＝1;                                     //WR1/2＝1,DAC 寄存器锁定
    DAC_Xfer＝1;                                   //Xfer＝1
    return;
}


void Init_MCU(void)                               // 单片机初始化
{
    EA ＝ 1;                                       //总中断允许
    ET0 ＝ 1;                                      //定时/计数器 0 中断允许
    ET1 ＝ 1;                                      //定时/计数器 1 中断允许
```

```
        EX0 = 1;                                //外部中断 0 允许
        IT0 = 1;                                //外部中断 0 下跳沿触发
        EX1 = 1;                                //外部中断 1 允许
        IT1 = 1;                                //外部中断 1 下跳沿触发
        TMOD = 0x51;                            //C/T1:C,模式 1;C/T0:T,模
式 1
        TH0 = 0xB8;                             //晶振:11. 0592MhZ,定
时 20ms
        TL0 = 0x00;
        TH1 = 0x00;                             //计数器清零
        TL1 = 0x00;
        return;
    }


    void Interrupt0(void) interrupt 0 using 1      //外部中断 0 中断处理程序
    {
                                                //清标志
        EX0 = 0;
        TR0 = 1;                                //开始计时
        TR1 = 1;                                //开始计数
        return;
    }


    void Interrupt1(void) interrupt 2 using 1      //外部中断 1 中断处理程序
    {
        EX1 = 0;
        SetPoint = SetPointData[Rate_Grade++];
        if(Rate_Grade ==5)
        {
            Rate_Grade =0;
        }
        else
        {
            _nop_();
        }
        EX1 = 1;
        return;
    }
```

```c
void timer0(void) interrupt 1 using 1          //定时/计数器 0 中断处理程序
{
    TR0 = 0;                                   //不再计时
    TR1 = 0;                                   //不再计数
    Rate = (TH1 * 256)+TL1;                    //计算转速
    if(P3_5 == 1)                              //超过半个周期,修订数据
    {
        Rate =((Rate+0.5) * 50)/12.0;
    }
    else
    {
        _nop_();
    }
THO = 0xB8;                                    //赋初始值,重新定时 20ms
TL0 = 0x00;
TH1 = 0x00;                                    //计数器清零,重新计数
TL1 = 0x00;
    TR0 = 1;
    TR1 = 1;
    EX0 =1;
return;
}


void main(void)                                // 主程序
{
    Init_MCU();                                //单片机初始化
    SetPoint = 40;                             //上电后设置默认转速
    Rate_Grade = 3;
    while(1)
    {
        DAC_0832(PID_Calculate(Rate));         //经过计算后,输出控制量
    }
}
```

10.7　基于 A/D 的恒温控制系统设计

1. 功能要求

用户设定温度值后,显示设定温度和当前温度,根据当前温度与设定温度之间的差值,控制加温或停止加温,最终达到恒温。

2. 方案论证

按要求,系统采用 1 片 51 系列单片机、1 片 A/D 转换器 ADC0809、键盘和 4 个共阴极七段 LED 显示器件。系统框图如图 10.26 所示。

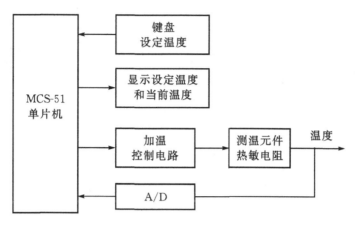

图 10.26　恒温控制系统原理图

3. 硬件电路设计

前面例题大多是用最小系统构成的,本题将设计一个扩展系统,8255A 和 A/D 转换器都作为单片机的扩展外设。为便于介绍,下面分模块介绍硬件电路的功能。

(1)温度采集与控制单元电路

温度采集电路是用热敏电阻和一个分压电阻形成电压采样点,电压经换算可得到当前温度。用一个大功率电阻形成温度控制电路,控制点接地,大功率电阻上有电流流过则发热,控制点接+12V,大功率电阻上无电流流过则停止发热,。电路如图 10.27 所示。

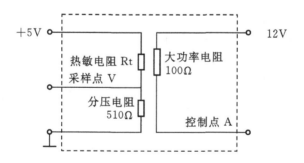

图 10.27　温度采集与控制单元电路图

(2)动态显示电路

假设温度在 100℃以下,因此可选择 4 个共阴极的七段 LED,前两个显示设定温度,后两个显示当前温度。单片机与 8255A 相连,用 8255A 的 A 口连接段码,B 口连接位码实现动态显示。具体电路如图 10.28 所示,单片机与 8255A 的连接电路略,假设 8255A 的地址为 FFF0H~FFF3H。

(3)A/D 转换与温度控制电路

数据采集选用 A/D 转换器 ADC0809,程序中循环采集 A/D 转换值,采集完成,由单片机

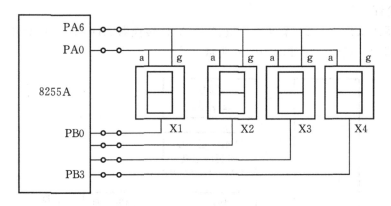

图 10.28　动态显示电路

接收采集数据,经计算分析,确定是否加温;加温由 8255A 的 PC0 控制。具体电路如图 10.29
所示。

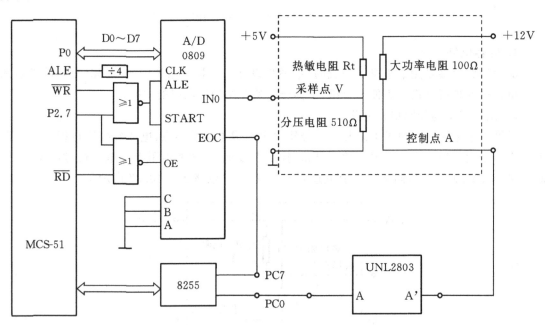

图 10.29　数据采集与温度控制电路

单片机接收到 A/D 转换值 X 之后,将其转换为测试点的电压 V,再计算出电阻 Rt 的值。
Rt 计算过程为:

$$V = 5X/256$$
$$i = V/510$$
$$Rt = (5-V)/i = 510 \times (5-V)/V$$
$$Rt = 510 \times (256-X)/X$$

对于热敏电阻的阻值与温度之间有对应关系,有的热敏电阻的阻值与温度之间是线性对
应关系,有的为非线性关系。对线性关系的可用线性公式将 Rt 换算为温度,对于非线性关系

的可编写查表程序获得温度值。

从连接电路中可知，ADC0809 芯片的地址为 7FFFH，ADC0809 的控制端 CBA 与地线相连，因此只可采集 IN0 的信号；采样结束信号 EOC 与 8255 的 PC7 相连，可通过查询测试 A/D 转换状态。

UNL2803 是反向驱动电路，A 端为 0 时，A' 为 12V，停止加温；A 端为 1 时，A' 为 0V，开始加温。

（4）键盘电路

键盘是用来设置恒温时的温度值，根据要求，可设置两个按键开关，K1 用于增加恒温值，K2 用于减小恒温值，两个开关分别接在两个外部中断请求端 $\overline{INT0}$ 和 $\overline{INT1}$ 上，每按一次开关，温度值变化一次，开关电路如图 10.30 所示。由于外部中断是低电平或低脉冲触发，因此，连接时将 K⁻ 端与中断请求端相连。

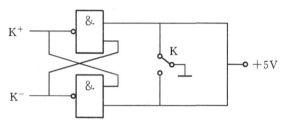

图 10.30　接键电路

4. 程序设计

系统程序分为主程序、数据转换与控制子程序和中断服务程序。

（1）主程序

完成系统的 8255 初始化、启动 A/D 转换并采集数据、循环显示设定温度和采集温度。程序流程如图 10.31 所示。

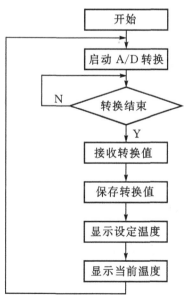

图 10.31　主程序流程图

（2）数据转换与控制子程序

本题中，热敏电阻采用的是 mfd103，电阻与温度之间为非线性关系，因此，从 A/D 转换器接收的数据经计算得到 Rt，经查表形成温度值，存入相应单元，并比较设定值与实际温度，控制加热电路。子程序流程如图 10.32 所示。

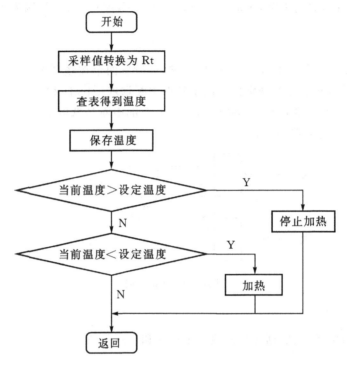

图 10.32　数据转换与控制子程序流程图

（3）中断服务程序

中断服务程序由两个外部中断服务程序组成，其中一个完成设定温度加 1，另一个完成设定温度减 1。

5. 程序清单

```
#include  <absacc.h>           /*将绝对地址头文件包含在文件中*/
#include  <reg51.h>            /*包含51的特殊寄存器头文件*/
#include <intrins.h>
#define uchar unsigned char
#define uint unsigned int
//定义0~9的共阴极显示代码
code uchar Table[10]={0x3f,0x06,0x5b,0x4f,0x66,0x6d,0x7d,0x07,0x7f,0x6f};
```

/*定义热敏电阻值与温度关系表(表为20~39 ℃电阻值，温度间隔为1)，即设定温度只能在20~39℃*/

```
code uint wd[20]={ 0x30CC, 0x2EA6, 0x2C9C, 0x2AAB, 0x2802, 0x2710, 0x2564,
                   0x23CC, 0x2248, 0x20D6, 0x1F76, 0x1E26, 0x1CE7, 0x1BB6,
```

　　　　　　　　0x1A93，0x197D，0x1874，0x1778，0x1687，0x15A0

```
};
uint wd_s,wd_c                    //定义两个变量分别存放设定温度和当前温度
uint x;                          //定义变量存放采样值
//数据转换与控制子程序
void   change()
    {
    uint rt ，  i ;
    rt＝510×(256－x)/ x          //计算 Rt
    for(i＝1;i＜20;i＋＋)          //查电阻表,形成当前温度值
      {if(rt＞＝wd[i] break; }
    wd_c＝20＋i;                  //保存温度
    if(wd_c＜wd_s)               //如果当前温度小于设定温度,开始加热
     XBYTE[0XFFF2]＝1;
    if(wd_c＜wd_s)               //如果当前温度大于设定温度,停止加热
     XBYTE[0XFFF2]＝0;
    }
//0 号中断服务程序
void int0_fun(void)   interrupt 0
{
wd_s＋＋;
}
//1 号中断服务程序
void int1_fun(void)   interrupt 2
{
wd_s－－;
}
//主程序
main()
{
 uchar m[4];                      //存放温度各位数
 uchar com＝0xfe;                 //显示位码
 uchar i;                         //定义循环变量
 IE＝0x85;                        //中断初始化
 IT0＝1;
 IT1＝1;
XBYTE[0x FFF3]＝0x88;            //8255A 初始化
while(1);
 {
```

```
XBYTE[0x7FFF]＝0;                 //启动转换
if(XBYTE[0xFFF2] & 0x80＝0);      //未转换结束,则等待
x＝ XBYTE[0x7FFF];                //转换结束,读采样值
change()                         //调用转换与控制程序
m[0]＝wd_s/10;                    //形成设定温度的十位和个位
m[1]＝wd_s%10
m[2]＝wd_c/10;                    //形成当前温度的十位和个位
m[3]＝wd_c%10
//显示温度
for(i=0;i<4;i++)
{
XBYTE[0xFFF0]＝table[m[i]];
XBYTE[0xFFF1]＝com;
com＝_crol_(com,1);
}
}
}
```

10.8　基于 DS18B20 的温度测量与显示系统

1. 功能要求

采用数字温度传感器 DS18B20 对温度进行采集,并用 LCD 实时显示当前温度。

2. 方案论证

按要求,系统采用 1 片 51 单片机和 1 块带汉字字库的 128×64 液晶显示器,系统框图如图 10.33 所示。

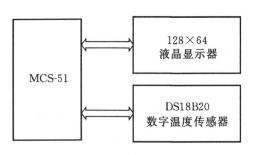

图 10.33 温度测量系统框图

3. 硬件电路设计

DS18B20 是一种单总线数字温度传感器,只需一条接口线就能与单片机相连,节省系统硬件资源,使用十分方便,现在很多温度采集场合都选择使用 DS18B20。基于 DS18B20 的温度测量与显示系统的硬件电路如图 10.34 所示。

系统中,MCS-51 单片机的 P1 口与 128×64 液晶显示器的数据总线连接,P3.0～P3.3

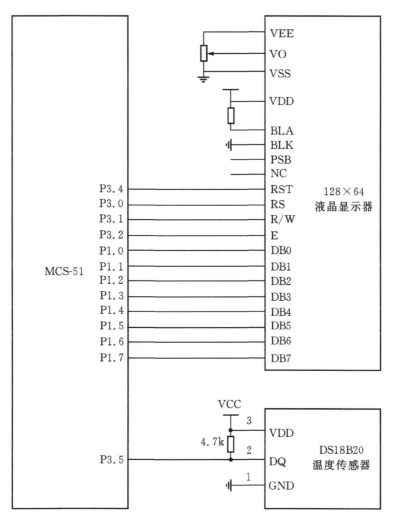

图 10.34 温度测量与显示系统硬件电路图

连接液晶显示器的控制信号,P3.5 连接 DS18B20 的单总线数据线。单片机把从 DS18B20 读到的数据换算成温度,通过液晶显示屏进行显示。

4. 程序设计

基于 DS18B20 的温度测量与显示系统的程序得难点主要是 D218B20 的初始化、写数据、读数据以及温度计算等。由于 DS18B20 数字温度传感器采用独特的单线接口方式,在与微处理器连接时仅需要一条口线即可实现与微处理器的双向通信单片机。相对于其他总线而言,基于单总线的数据读写,时序要求更为严格,因此编写程序时,需要严格按照 DS18B20 的操作时序,并根据系统选用的晶振频率编写延时程序。

(1)DS18B20 初始化

DS18B20 初始化的时序如图 10.35 所示。初始化时,主机在 T0 时刻发出复位信号,输出低电平,将低电平至少保持 480us,接着在 Tl 时刻,主机释放总线,并进入接收状态。DSl8B20 在检测到总线的上升沿后等待 15～60us,然后 DS18B20 在 T2 时刻发出一个持续 60～240us 的低电平,表示其存在,如图 10.35 中虚线所示。

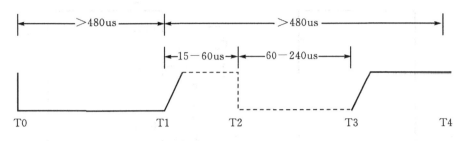

图 10.35　DS18B20 初始化时序图

(2)DS18B20 写数据时序

当主机需要通过总线向 DS18B20 写数据时,需要逐位写,且写数据位"0"和写数据位"1"的时序是不同的,图 10.36 是主机通过总线写"0"的时序,图 10.37 是主机通过总线写"1"的时序。不管主机通过单总线写数据位"0"还是写数据位"1",都要在从 T0 时刻开始的 15us 之内,将所需写的数据位送到总线上,因为 DSl8B20 会在 T0 后的 15～60us 内对总线上的数据采样。

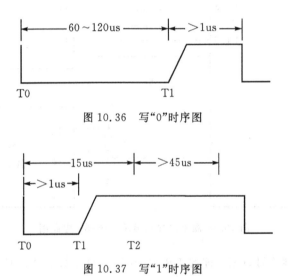

图 10.36　写"0"时序图

图 10.37　写"1"时序图

当主机通过单总线写数据"0"时,在 T0 时刻,主机将数据总线拉低,且保持 60us 以上,但不大于 120us,然后在 T1 时刻将总线电平拉高,并保持 1us 以上,即可完成写"0"操作。

当主机通过单总线写数据"1"时,在 T0 时刻,主机将数据总线拉低,且保持 1us 以上,且在 T1 时刻(从 T0 开始的 15us 之内,但大于 1us)将总线拉高或者释放(由于上拉电阻的作用,总线仍然为高电平),并保持 45us 以上,即可完成写"1"操作。

需要注意的是,在连续写两个数据位之间,必须间隔 1us 以上。

(3)DS18B20 读数据时序

DS18B20 的读数据时序图如图 10.38 所示。

读数据时,主机在 T0 时刻将总线拉至低电平,并使总线保持低电平 1us 之后,在 T1 时刻将总线拉高或者释放,并在 T2 时刻前读取总线数据。T2 时刻距 T0 时刻为 15us,也就说,释放总线和读取数据必须在从 T0 开始的 15us 内完成,且总线拉低的时间不低于 1us。读数据

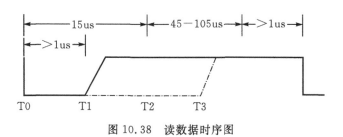

图 10.38　读数据时序图

完成后,需要在 T3 时刻,即 T0 后的 60～120us 内释放总线。

（4）计算温度

DS18B20 的温度数据默认为 12 位,最高位为符号位,因此 D218B20 的温度分辨力为 0. 0625℃,其温度与输出数据的关系如表 10.2 所示。

表 10.2　DS18B20 温度与输出数据关系表

温度	数据输出（二进制）	数据输出（十六进制）
＋125℃	0000 0111 1101 0000	07D0h
＋85℃	0000 01010101 0000	0550h
＋25.0625℃	0000 0001 1001 0001	0191h
＋10.125℃	00000000 1010 0010	00A2h
＋0.5℃	00000000 0000 1000	0008h
0℃	00000000 0000 0000	0000h
－0.5℃	11111111 1111 1000	FFF8h
－10.125℃	11111111 0101 1110	FF5Eh
－25.0625℃	1111 1110 0110 1111	FE6Fh
－55℃	1111 1100 1001 0000	FC90h

在实际应用的过程中,可以将得到的 16 位数据存入到一个带符号的整形数据,然后将该带符号的整形数据乘以 0.0625 即可得到温度。

（5）操作指令

DS18B20 的操作指令如表 10.3 所示。

表 10.3　DS18B20 操作指令表

指令代码	指令说明
33h	读 ROM 内容
55h	匹配 ROM,对指定器件操作
CCh	跳过 ROM,跳过器件识别
F0h	搜索 ROM
ECh	告警搜索

指令代码	指令说明
4Eh	写暂存器,将数据写入暂存器的 TH、TL 字节
BEh	读暂存器内容
48h	复制暂存器,把暂存器的 TH、TL 字节写到 E²RAM 中
44h	温度转换,开始启动 DS18B20 温度转换
B8h	重新调用 E²RAM,把 E²RAM 中的 TH、TL 字节写到暂存器的 TH、TL 字节中
B4h	读电源

基于 DS18B20 的温度测量与显示系统的软件流程图如图 10.39 所示。

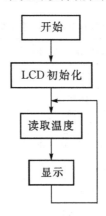

图 10.39 主程序流程图

5. 程序清单

```c
#include <reg51.h>
#include <stdio.h>
#include <intrins.h>

sbit DS18B20=P3^5;
sbit LCM_RST= P3^3;
sbit LCM_RS= P3^0;
sbit LCM_RW= P3^1;
sbit LCM_EN= P3^2;

void delay5us(void)                      //延时 5us 函数,晶振 11.0592MHz
{
    _nop_();
    _nop_();
    return;
```

```
}

void delay8us(void)                    //延时 8us 函数,晶振 11.0592MHz
{
    unsigned char a;
    for(a=2;a>0;a——)
    {
        ;
    }
    return;
}


void delay60us(void)                   //延时 60us 函数,晶振 11.0592MHz
{
    unsigned char a;
    tor(a=26;a>0;a——)
    {
        ;
    }
    return;
}

void delay100us(void)                  //延时 100us 函数,晶振 11.0592MHz
{
    unsigned char a,b;
    for(b=1;b>0;b——)
    {
        for(a=43;a>0;a——)
        {
            ;
        }
    }
    return;
}


void delay500us(void)                  //延时 500u 函数,晶振 11.0592MHz
{
    unsigned char a,b;
    for(b=1;b>0;b——)
```

```
    {
        for(a=227;a>0;a——)
        {
            ;
        }
    }
    return;
}


void DS18B20RST(void)                   // DS18B20 复位程序,即初始化
{
    DS18B20 = 0;                        //DQ=0
    delay500us();
    DS18B20 =1;                         // DQ=1
    while(DS18B20==1)                   //等待 DS18B20 拉低
    {
        ;
    }
    while(DS18B20==0)                   //等待 DS18B20 释放总线
    {
        ;
    }
    return;
}


unsigned charReadOneChar(void)          //读 1 个字节数据函数
{
    unsigned char i;
    unsigned char Read_data=0;
    for(i=0;i<8;i++)
    {
        DS18B20 = 0;                    //DQ=0
        delay5us();
        Read_data>>=1;
        DS18B20 = 1;                    // DQ=1
        delay8us();
        if(DS18B20==1)
        {
```

```
        Read_data|=0x80;
    }
    else
    {
        Read_data = Read_data;
    }
    delay60us();
}
return(Read_data);
}


voidWriteOneChar(unsigned char Write_data)   // 写 1 个字节数据函数
{
    unsigned char i=0;
    for(i=0;i<8;i++)
    {
        DS18B20 = 0;                        //DQ=0
        delay5us();
        if(Write_data&0x01)
        {
            DS18B20 = 1;                    //DQ=1
        }
        else
        {
            DS18B20 = 0;                    //DQ=0
        }
        delay60us();
        DS18B20 = 1;                        //DQ=1
        Write_data>>=1;
    }
    return;
}


float ReadTemperature(void)                 //读取 DS18B20 并计算当前温度
{
    unsigned int Temp_L,Temp_H;
    int   Temp;
    DS18B20RST();
```

```
    WriteOneChar(0xCC);
    WriteOneChar(0x44);
    DS18B20RST();
    WriteOncChar(0xCC);
    WriteOneChar(0xBE);
    Temp_L=ReadOneChar();
    Temp_H=ReadOneChar();
    Temp=((Temp_H<<8)|Temp_L);
    return (Temp * 0.0625);
}

void ReadStatusLCM(void)                    //读状态,忙信号检测
{
    LCM_RS = 0;                             //LCM_RS = 0
    LCM_RW = 1;                             //LCM_RW = 1
    LCM_EN = 1;                             //LCM_EN = 1
    delay8us();
    while(P1&0x80);                         //等待直到空闲
    LCM_EN =0;                              //LCM_EN = 0
    return;
}

void WriteDataLCM(unsigned char WDLCM)  // 写数据
{
    ReadStatusLCM();                       //检测忙
    LCM_RS = 1;                            //LCM_RS = 1
    LCM_RW = 0;                            //LCM_RW = 0
    LCM_EN = 1;                            //LCM_EN = 1
    P1 =WDLCM;                             //数据加载
    delay8us();
    LCM_EN = 0;                            //LCM_EN = 0
    P1 =0xFF;
    return;
}

void WriteCommandLCM(unsigned char WCLCM,unsigned char BusyC)   // 写命令字
{
    if(BusyC)
```

```
    {
        ReadStatusLCM();                        //根据需要,检测忙信号
    }
    LCM_RS = 0;                                 //LCM_RS = 0
    LCM_RW = 0;                                 //LCM_RW = 0
    LCM_EN = 1;                                 //LCM_EN = 1
    P1 = WCLCM;                                 //数据输出
    delay8us();
    LCM_EN = 0;                                 //LCM_EN = 0
     P1 =0xFF;
    return;
}


void Set_Position(unsigned char X_pos,unsigned char Y_pos)   // 设定显示内容的位置
{
    switch(X_pos)
    {
    case 0：
        WriteCommandLCM(0x80|Y_pos,1);
        break;
    case 1：
        WriteCommandLCM(0x90|Y_pos,1);
        break;
    case 2：
        WriteCommandLCM(0x88|Y_pos,1);
        break;
    case 3：
        WriteCommandLCM(0x98|Y_pos,1);
        break;
    default：
        break;
    }
    return;
}


void Chinese_Display(unsigned char X,unsigned char Y,unsigned char  * String)
                                            // 指定位置显示中文字符串
{
```

```
    Set_Position(X,Y);
    while( * String)
    {
        WriteDataLCM( * String);
        String++;
    }
    return;
}


void Initialization_LCM(void)                    // 显示屏初始化
{
    LCM_RST = 0;                                  //LCM_RST = 0,产生复位脉冲
    delay100us();
    LCM_RST = 1;                                  //LCM_RST = 1,产生复位脉冲
    WriteCommandLCM(0x30,1);                      //选择 8bit 数据流
    delay100us();
    WriteCommandLCM(0x30,1);                      //选择 8bit 数据流
    delay100us();
    WriteCommandLCM(0x0C,1);                      //开显示(无游标、不反白)
    delay100us();
    WriteCommandLCM(0x01,1);                      //清除显示,并且设定地址指针为 00H
    delay100us();
    WriteCommandLCM(0x06,1);

                                                 //设定游标的移动方向及指定显示的移位
    return;
}


void Initialization_Interface(void)              // 显示主界面内容
{
    Chinese_Display(0,2,(unsigned char * )"DS18B20");
    Chinese_Display(1,0,(unsigned char * )"温度测量显示系统");
    Chinese_Display(2,1,(unsigned char * )"温度:");
    Chinese_Display(2,7,(unsigned char * )"℃");
    Chinese_Display(3,1,(unsigned char * )"西安石油大学");
    return;
}


void main(void)                                  //主程序
```

```
{
    char DisplayDate[8];
    Initialization_LCM();                    //初始化 LCD
    Initialization_Interface();              // 显示主界面内容
    while(1)
    {
        sprintf((char *)DisplayDate,"%4.1f",ReadTemperature());
        Chinese_Display(2,4,DisplayDate);//      // 显示温度
    }
}
```

基于 DS18B20 的温度测量与显示系统 LCD 显示如图 10.40 所示。

图 10.40　LCD 显示

10.9　基于单片机的计重系统

1. 功能要求

对压力传感器输出的信号进行采集,并用 LCD 实时显示物体重量。

2. 方案论证

根据功能要求,可以将系统用图 10.41 来表示。

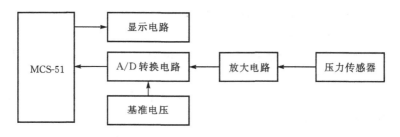

图 10.41　系统框图

本系统的难点为压力传感器输出信号的放大电路,因为压力传感器主要是利用压电效应制造而成,其输出信号为差分信号,非常微弱,满量程输出通常都在 20mV 以下,容易受到干扰,需要高增益、低噪声的差动放大电路对其进行放大,对放大电路的要求较高。在一般应用中,对压力传感器输出信号进行放大,可以采用两种方案,一种方案是采用由运算放大器和外

部电阻网络构成差动放大电路，如图10.42、图10.43所示。

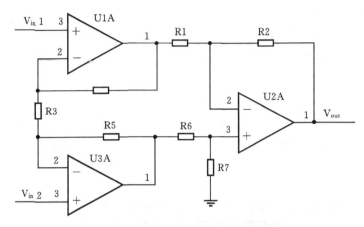

图 10.42　由三个运算放大器组成的差动放大电路

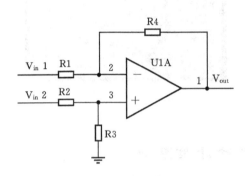

图 10.43　差动比例运算放大电路

图 10.42、图 10.43 分别为三个运算放大器组成的差动放大电路和差动比例运算放大电路，这种电路从理论上具有很高的共模抑制比（CMRR），噪声低、增益高，但实际上由于各电阻、运算放大器之间存在一定的差异，共模抑制比被限制，电路要想达到较高的精度，除了元件要经过仔细的筛选外和精心的 PCB 设计外，电路还要经过反复的调试。

另外一种方案是采用专用仪表放大器，如 AD620、AD623、INA143 等，这类仪表放大器将电阻网络集成在其内部，通过激光微调的方式，使得电阻网络的匹配程度达到非常高的水平，并且由于运算放大器和电路网络集成在一块基片内，它们的温度漂移也一直，能在很宽的温度范围内获得一致的共模抑制比。专用仪表放大器具有噪声低、增益高、共模抑制比高、外围电路简单、调试方便等特点，在电子设备中广泛应用。

压力传感器的供电方式可以采用恒压源供电，也可以采用恒流源供电。采用恒压源供电时，传感器的输出信号，很容易受到温度影响，在对精度要求不是很高的情况下，可以采用恒压源供电，其电路简单，成本较低。为了消除温度对传感器输出的影响，获得较高的精度，压力传感器可以采用恒流源供电。

3. 硬件电路设计

基于单片机的压力传感器数据采集系统的电路原理图如图10.44所示。

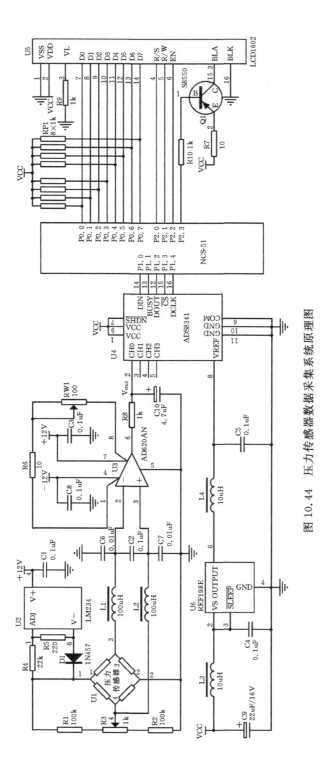

图 10.44 压力传感器数据采集系统原理图

压力传感器的供电采用恒流源供电的方式,U2(LM234)三端可调恒流源以及电阻R4、R5和二极管D1(1N457)构成零温度系数恒流电路,为压力传感器提供工作电流。由于压力传感器生产工艺和生产水平的问题,压力传感器内部的四个应变电阻很难做到完全一致,这样会导致在没有外力作用的情况下,压力传感器仍然会有一定的输出信号,由电阻R1、R2以及电位器R3组成调零电路可以有效地解决这个问题。压力传感器的输出信号,由单片仪表放大器U3(AD620)进行放大,经过低通滤波电路后,输送到A/D转换电路进行采样。

A/D转换电路由16位逐次逼近式串行A/D转换器U4(ADS8341)和4.096V的高精度基准电源U6(REF198E)组成,为系统提供较高的测量精度。

显示电路采用LCD1602液晶显示器,最多能显示32个字符,与数码管显示电路相比,其功耗更小。R7、R10、Q1组成LCD背光控制电路,当不需要测量时,系统可以关闭LCD的背光,以降低系统功耗,特别是在电池供电的应用场合,降低系统功耗尤为重要。

4. 程序设计

本系统以单片机为核心,程序主要完成控制A/D转换电路对放大的压力传感器信号进行采集,并对所得到的数据进行处理,把表示电压数据换算成表示压力大小的数据,并控制LED显示电路,将压力数据直观地显示出来,并根据采集到的数据,来判断是否有外力作用,如果没有外力作用,则关闭背光。其流程图如图10.45所示。

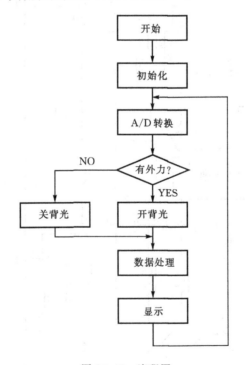

图 10.45 流程图

5. 程序清单

```
#include <reg51.h>
#include <intrins.h>
sbit DIN = P1^0;
```

```c
sbit BUSY = P1^1;
sbit DOUT = P1^2;
sbit CS = P1^3;
sbit DCLK = P1^4;
sbit LCM_RS =P2^0;
sbit LCM_RW =P2^1;
sbit LCM_EN =P2^2;
sbit BLC_EN =P2^4;
volatile unsigned int   ADcode;
volatile unsigned char Display[7];
unsigned char Hello[7]={"Hello!"};

void Delay(unsigned char Time)                  //延时函数
{
    unsigned int i;
    while(Time-->0)
    for(i=0;i<50;i++)
    {
        _nop_();
    }
    return;
}


unsigned int AD(unsigned char Channel)          //A/D 转换函数
{
    unsigned char DataIn,i;
    if(Channel == 0 )                           //采样通道选择 0
    {
        DataIn = 0x97;                          //控制字
    }
    else if(Channel == 1)                       //采样通道选择 1
    {
        DataIn = 0xD7;                          //控制字
    }
    else if(Channel == 2)                       //采样通道选择 2
    {
        DataIn = 0xA7;                          //控制字
    }
    else                                        //采样通道选择 3
```

```
{
    DataIn = 0xE7;                          //控制字
}
ADcode = 0x0000;
CS = 0;
DCLK = 0;
for(i=0;i<8;i++)                            //输入控制字
{
    if(DataIn&0x80)
    {
        DIN = 1;
    }
    else
    {
        DIN = 0;
    }
    Delay(5);
    DCLK = 1;
    Delay(5);
    DCLK = 0;
    DataIn<<=1;
}
Delay(2);
DCLK = 1;
Delay(2);
DCLK = 0;
while(BUSY == 1);                           //等待采样结束
for(i=0;i<16;i++)                           //读取 16 位数据
{
    DCLK = 1;
    Delay(2);
    if(DOUT == 1)
    {
        ADcode = ADcode+0x0001;
    }
    else
    {
        ADcode = ADcode;
    }
```

```
        if(i==15)
        {
        break;
        }
        else
        {
            ADcode<<=1;
        }
        DCLK = 0;
        Delay(2);
    }
    DCLK = 0;
    for(i=0;i<3;i++)
    {
        DCLK = 1;
        Delay(2);
        DCLK = 0;
        Delay(2);
    }
    CS = 1;
    return ADcode;
}


void BackLight_Control(unsigned char State)      //LCD 背光控制函数
{
    if(State == 1)                               //如果 State=1,打开背光
    {
        BLC_EN = 0;
    }
    else                                         //如果 State=0,关闭背光
    {
        BLC_EN = 1;
    }
    return;
}


void ReadStatusLCM(void)                         //LCD 读状态函数
{
    LCM_RS = 0;
```

```
    Delay(2);
    LCM_RW = 1;
    Delay(2);
    LCM_EN = 0;
    Delay(2);
    LCM_EN = 1;
    Delay(2);
    while(P0&0x80);                          //等待直到空闲
    return;
}


void WriteDataLCM(unsigned char WDLCM)        //LCD 写数据函数
{
    ReadStatusLCM();
    P0 = WDLCM;
    Delay(2);
    LCM_RS = 1;
    Delay(2);
    LCM_RW = 0;
    Delay(2);
    LCM_EN = 1;
    Delay(2);
    LCM_EN = 0;
    P0 = 0x00;
    return;
}

                                              // LCD 写命令字函数
void WriteCommandLCM(unsigned char WCLCM,unsigned char BusyC)
{
    if(BusyC)
    {
        ReadStatusLCM();                      //根据需要,检测忙信号
    }
    P0 = WCLCM;
    Delay(2);
    LCM_RS = 0;
    Delay(2);
    LCM_RW = 0;
```

```
        Delay(2);
        LCM_EN = 1;
        Delay(2);
        LCM_EN = 0;
        Delay(2);
        P0 = 0x00;
        return;
}


                                              //在指定位置,显示指定字符
void DispalyOneChar(unsigned char X,unsigned char Y,unsigned char DData)
{
        X &= 0x0F;                            //每行不能超过 16 个字符
        Y &= 0x01;                            //行数不能超过 2
        if(Y)                                 //如果写第二行
        {
            X |= 0x40;                        //第二行,地址码要加上 0x40
        }
        else
        {
            _nop_();                          //插入空指令
        }
        X |= 0x80;                            //算出指令码,确定地址
        WriteCommandLCM(X,1);                 //写指令,不检测忙信号
        WriteDataLCM(DData);                  //写数据,检测忙信号
        return;
}


                                              //从指定位置起,显示一串字符
void DispalyListChar(unsigned char P,unsigned char Q,const unsigned char * Data)
{
        unsigned char ListLength;
        ListLength = 0;
        P &= 0x0F;                            //每行不能超过 16 个字符
        Q &= 0x01;                            //行数不能超过 2
        while(Data[ListLength] >=0x20)        //字符串到达末尾,退出
        {
            if(P <= 0x0F)                     //X 坐标小于 0x0F
            {
```

```
        DispalyOneChar(P,Q,Data[ListLength]);    //按单个字符程序,显示字符串
        ListLength ++;                           //继续写数据
        P ++;
    }
    else
    {
        _nop_();
    }
}
    return;
}


void InitiLCM(void)                         //LCM 初始化
{
    WriteCommandLCM(0x38,0);                //三次显示模式设置,不检测忙
    Delay(2);
    WriteCommandLCM(0x38,0);
    Delay(2);
    WriteCommandLCM(0x38,0);
    Delay(2);
    WriteCommandLCM(0x38,1);                //显示模式
    WriteCommandLCM(0x0C,1);                //显示开及光标设置
    WriteCommandLCM(0x06,1);                //显示光标移动设置
    WriteCommandLCM(0x01,1);                //显示清屏
    WriteCommandLCM(0x80,1);                //起始位置,行 1 列 1
    return;
}


void Data_Process(float AD_Data)
                            //将浮点数转化成适合 LCD 显示的 ASCII 码
{
    unsigned int n;
//.................................................................
    if(AD_Data>=10.0)                       //超出最大量程
    {
        Display[0] = ' ';
        Display[1] = 'O';
        Display[2] = '.';
        Display[3] = 'L';
```

```
            Display[4] = ' ';
            Display[5] = ' ';
    }
else if(AD_Data>=1)
    {
        n = (unsigned int)(AD_Data * 100);        //将数据放大,便于提取
        Display[0] = n/100+48;
        Display[1] = '.';
        Display[2] = (n%100)/10+48;
        Display[3] = (n%10)+48;
        Display[4] = 'K';
        Display[5] = 'g';
    }
else if(AD_Data>=0.001)
    {
        n = (unsigned int)(AD_Data * 1000);
        if(n>=100)
        {
            Display[0] = ' ';
            Display[1] = n/100+48;
            Display[2] = (n%100)/10+48;
            Display[3] = (n%10)+48;
        }
        else if(n>=10)
        {
            Display[0] = ' ';
            Display[1] = ' ';
            Display[2] = (n/10)+48;
            Display[3] = (n%10)+48;
        }
        else
        {
            Display[0] = ' ';
            Display[1] = ' ';
            Display[2] = ' ';
            Display[3] = (n%10)+48;
            }
            Display[4] = ' ';
            Display[5] = 'g';
```

```
        }
        else                                //超出最小分辨
        {
            Display[0] = ' ';
            Display[1] = 48;
            Display[2] = '.';
            Display[3] = 48;
            Display[4] = ' ';
            Display[5] = ' ';
        }
        Display[6] = '\0';
    return;
}


void main(void)                             //主程序
{
    float Voltage, Weight;
    InitiLCM();                             //LCD 初始化
    DispalyListChar(5,0,Hello);
    while(1)
    {
        Voltage =(AD(0))/65536.0;           //计算采样得到的电压值
        Weight = Voltage * 2.50;            //根据电压值计算重量
        if(Weight<=0.001)                   //判断是否有小于最小分辨力
        {
            BackLight_Control(0);           //关闭背光
        }
        else
        {
            BackLight_Control(1);           //打开背光
        }
        Data_Process(Weight);               //数据处理
        DispalyListChar(5,1,Display);       //显示数据
    }
}
```

习题

1. 设计并编程实现一个简易电压表。

2. 设计一个秒表,当按下键时,开始计时,当松开键时,停止计时。

3. 设计一个丁字路口的交通灯控制系统,并编程。

4. 设计一个小型直流电机控制系统,编程控制其反转。

5. 单片机的 P1.0 与扬声器的控制端相连,请编写一个演奏小型乐曲的程序。

6. 设计一个 4 路温度采集系统,系统中有 4 个开关,用来选择显示 4 路的温度值。

第 11 章 单片机开发环境介绍

11.1 Keil 简介

Keil 集成开发环境是 Keil software 开发的基于 MCS-51 内核的单片机开发平台,内嵌多种符合当前工业标准的开发工具,可以完成从工程建立、编译、链接、目标代码生成、软件模拟和硬件仿真等完整的开发过程,尤其是 C 编译工具在产生代码的准确性和效率方面达到较高的水平,而且还附加有灵活的选项,在开发大型项目时非常理想。目前很多仿真器的仿真环境都与 Keil 兼容。

Keil 集成开发环境的主要功能有以下几点:

(1) Keil μvision 集成开发环境:它将工程管理、源程序编辑和程序调试与仿真集成在一起,完成项目的开发。

(2) C51 交叉编译器:从 C51 源代码生成可重定位的目标代码。

(3) A51 编译器:从 51 系列的汇编源代码生成可重定位的目标代码。

(4) BL51 连接定位器:组合由 C51 和 A51 生成的可重定位的目标代码,形成绝对目标模块。

(5) LIB51 库管理器:从目标模块生成链接器可以使用的库文件。

(6) OH51 目标文件到 HEX 格式的转换器:从绝对目标模块生成 HEX 文件。

(7) RTX-51 实时操作系统:简化了实时应用软件的开发与调试过程。

11.2 Keil μvision 的安装与运行

Keil 软件有多种版本,购买光盘后,双击 setup.exe 文件进行安装,步骤如下:

(1) 双击 setup.exe 后,出现图 11.1 所示的初始画面,选择单选按钮的第 1 项,并按 next 按钮,进入版本询问界面,如图 11.2 所示。

(2) 在版本询问界面选择完全版 full vision 进入下一个界面,这时只需按 next,然后同意协议,直到进入图 11.3 所示的选择安装路径界面。

(3) 按 browser 按钮后,选择安装目录,然后按 next 按钮,进入图 11.4 的填写序列号界面,序列号在安装说明.TXT 文件中可以找到,填写后按照提示按 next 按钮,直至安装完成。

(4) 软件安装完成后在开始按钮的程序中就可看到 Keil μvision,选择该项可启动 Keil μvision 集成开发环境,该环境下的大部分菜单与 windows 应用程序相同,这里不在赘述。下面主要结合实例介绍 Keil μvision 集成开发环境中用于 C51 应用程序开发时的菜单和工具,主要包括工程管理、程序编辑与调试、环境设置和进行系统仿真。

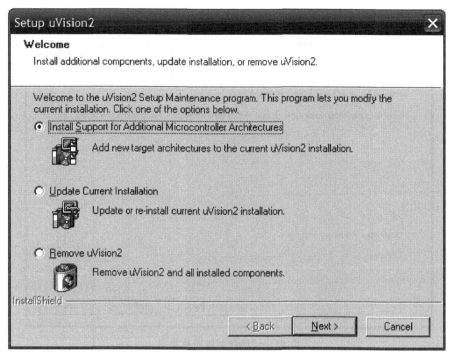

图 11.1　安装初始界面

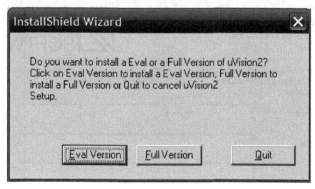

图 11.2　版本询问界面

11.3　C51 应用程序的建立、编译、链接与调试

在 Keil μvision 集成开发环境中使用工程的形式管理文件，所有的文件包括源程序、头文件以及说明性文档都可以放在工程中统一管理。下面就介绍 C51 应用程序的建立、编译、链接、调试与仿真的过程。

1. 创建工程项目文件

单击开始按钮中的程序中的 Keil μvision 项或双击桌面上的 Keil51 快捷图标可进入 μvision 集成开发环境，如图 11.5 所示。也许读者打开的界面有所不同，这是因为 μvision 启动时，总是打开最近使用的工程，可以单击 project 菜单中的 close project 项关闭该工程。

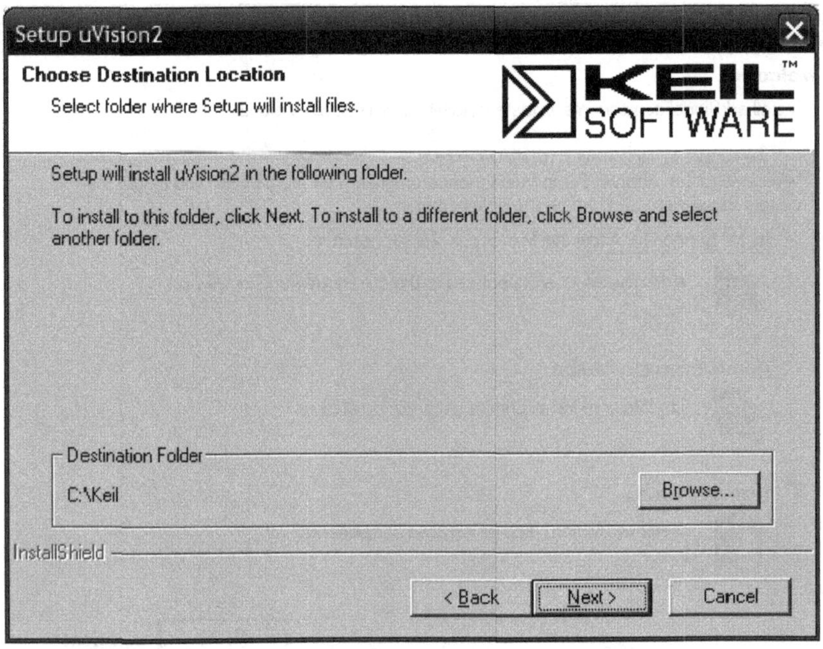

图 11.3　选择安装路径界面

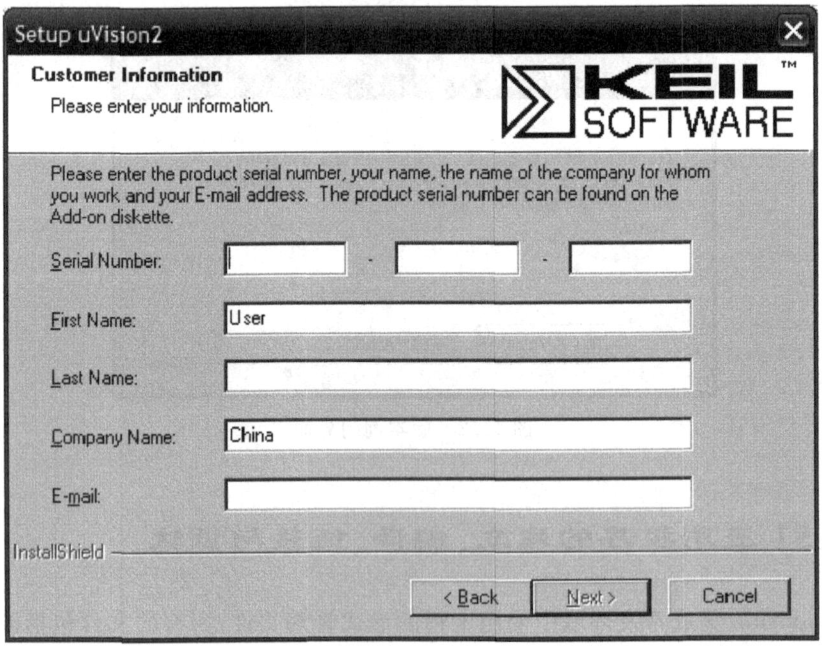

图 11.4　填写序列号界面

　　单击 project 菜单,出现如图 11.6 所示的下拉菜单,选择 New projct 选项,建立一个新工程,出现如图 11.7 所示的项目文件对话框,在这里选择项目文件的保存路径和输入文件名,按保存按钮,出现如图 11.8 所示的器件选择窗口

　　器件选择窗口是用于选择单片机是哪个厂家的哪个型号,因为不同型号的单片机内部资

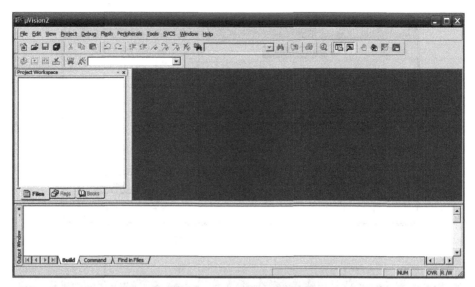

图 11.5　μvision 集成开发环境

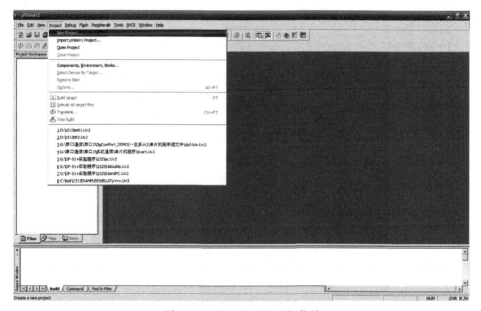

图 11.6　新工程项目下拉菜单

源不同，μvision 可以根据选择进行特殊功能寄存器的定义，在软、硬件仿真中提供易于操作的外设浮动窗口等，图 11.8 选择的是 Atmel 公司的 AT89C51 芯片。

如果在选择了目标器件后，想更改器件，可选择 project 菜单中的 Select Device for Target 'Target 1'也可进入图 11.8 界面。由于不同厂家的许多型号性能相近，因此，如果找不到用户要求的芯片型号，可以选择其它公司的相近型号。

在器件选择后，按确定按钮，出现如图 11.9 所示的对话框，该对话框用于选择是否复制 startup 文件，如果选择"是"，工程文件中就包含一个 startup. a51 文件，否则无该文件。这个选项根据仿真器的需要进行选择。至此，一个空的工程文件就已建立了。

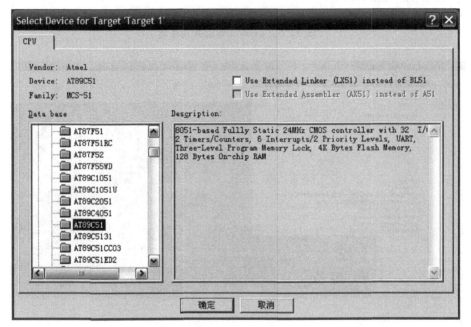

图 11.7　项目文件对话框

图 11.8　器件选择窗口

图 11.9　startup.a51 文件选择对话框

2. 建立源程序文件并将源程序添加到工程中

在工程文件建立后,源程序文件必须人工加入,如果程序文件还没有建立,则应先建立它。

选择 file 菜单中的 new,这时出现如图 11.10 所示的源文件输入窗口,建立的第一个文件的默认文件名为 Text1,以后依次为 Text2、Text3,…。

图 11.10　源文件输入窗口

源文件输入结束,选择 file 菜单中的 Save 保存文件,文件名可更改。如果是用 C51 编写的程序,文件的后缀名为.c,如果是汇编语言编写的程序,文件的后缀名为.asm。另外,文件的建立也可以用 windows 环境的附件中的记事本或写字板等纯文本编辑软件完成。

在源文件输入并保存后,在 project workspace 窗口的 target1 下的 Source Group1 上点右键,弹出如图 11.11 所示的快捷菜单,选择 Add Files to Group 'Source Group1'后,进入文件选择界面,根据文件保存的路径和文件名选择文件后,将源文件添加到工程中。图 11.11 是在工程文件 z1 中,添加文件名为 led.c 的源程序。

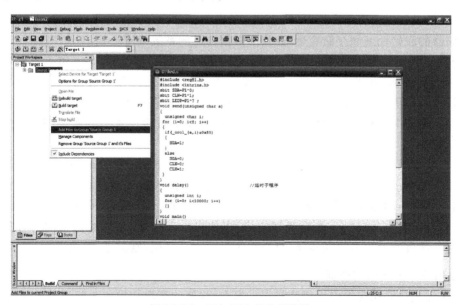

图 11.11　添加源文件快捷菜单

3. 源程序的编译、链接

编译、链接是用来检测源程序中的错误,并根据选择的软、硬件环境生成. hex 文件,编译、链接前先要进行调试环境的设置。在 project workspace 窗口的 target1 上点右键,在弹出的快捷菜单选择 option for Group 'Source Group',或者选择 project 菜单下的 option for Group 'Source Group'进入如图 11.12 所示调试环境设置界面。

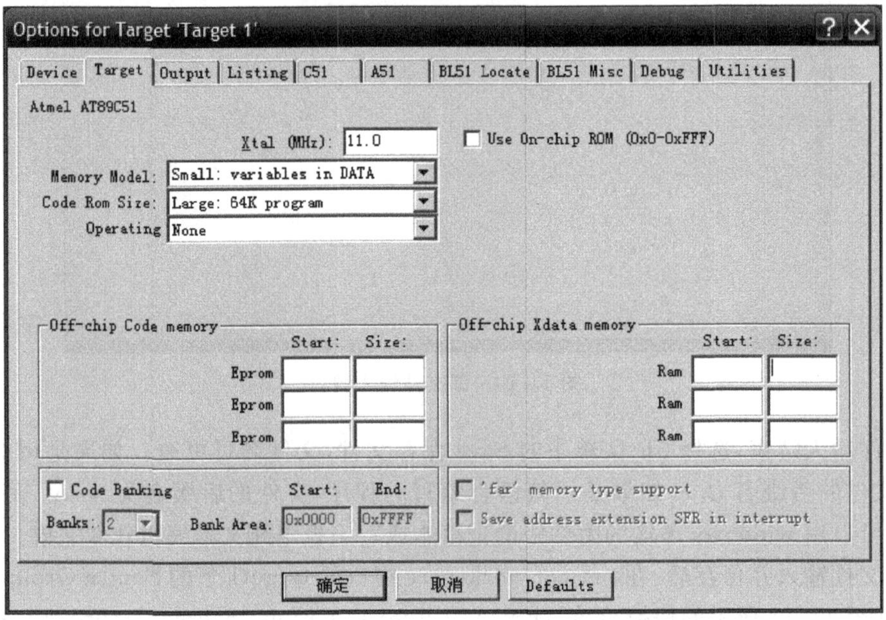

图 11.12　调试环境中的 target 选项

调试环境设置界面有多个选项,target 选项用于设定系统工作的晶振频率、系统存储器的类型、存储器的起始地址和存储容量,这些都根据自己的系统确定。

μvision 的调试环境有两种:分别是 Use simulator(模拟方式)和 Use(仿真方式),可以在 debug 选项卡中设置,如图 11.13 所示。模拟方式是不需要实际硬件支持,就可以模拟 51 系列单片机的功能;仿真方式是要在硬件环境准备好后,实时调试实际系统。在选择了仿真方式时,还应在其后的下拉菜单中选择驱动程序,并按 setting 按钮设置仿真所连的串口号和波特率等。

其它选项卡中的设置,可根据提示进行选择。环境设置好后,在 project workspace 窗口的 target1 下的 Source Group1 上点右键,选择 build target 或 rebuild target 进行编译、链接,也可使用工具栏中的编译命令或者 project 菜单下的 build target 或 rebuild all target files 进行编译、链接。编译完成后,系统提示相应信息,如果出现错误,系统给出错的行号和错误类型,根据提示修改源程序后重新编译,直至系统提示 0 个错误,则编译、链接成功。

4. 应用程序的调试与仿真

程序编译成功说明程序中无语法错误。那么,程序的逻辑结构和功能是否正确,要进行调试或仿真才能确定。

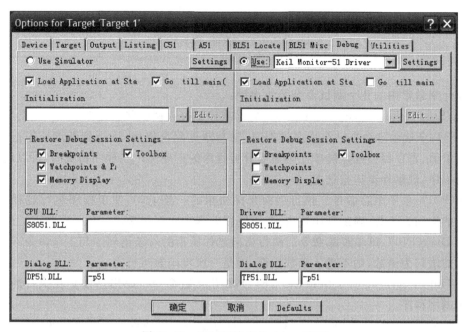

图 11.13 调试环境中的 debug 选项

（1）调试与仿真命令。

在 Keil μvision 集成开发环境下有两种方法执行调试命令：一种是选择主菜单 debug 下的子菜单，如图 11.14 所示；另一种是用主界面下工具栏中的调试工具，如图 11.15 所示。

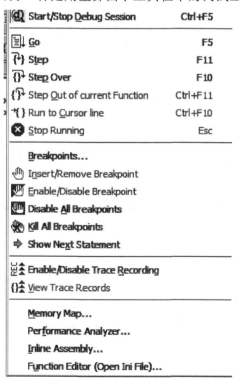

图 11.14 调试命令菜单

图 11.15 调试命令工具

下面介绍最常用的几个调试命令及快捷键：

Start/Stop Debug Session(Ctr+F5)：启动或停止进入调试状态命令。

Go(F5)：全速运行命令。在程序模拟时，常与断点配合使用，运行到断点处停止，这时可以通过变量值、寄存器值或存储单元的值等分析程序的正确性。在程序仿真时，可以用该命名直接运行程序，观察外设运行状况。

Step(F11)：单步跟踪命令。执行当前光标所指的一条语句，便于程序运行过程的观察。如果运行的语句为函数，则跳到函数内部，可以跟踪函数内部每条语句的运行情况。

Step Over(F10)：单步跟踪命令。执行当前光标所指的一条语句。与上条命令不同的是，如果运行的语句为函数，则不进入函数内部，而是一次将函数运行完。

Step Out of current Function(Ctr+F11)：跳出函数命令。跳出当前正在执行的子程序，回到原来调用程序。

Run to current line(Ctr+F10)：运行到光标处命令。可使程序执行到代码窗口当前光标处停下，这相当于一个临时断点。

Insert/Remove Breakpoint：插入/取消断点命令。在程序调试中，为了分段检测程序运行状况，可在程序中插入断点。全速运行时，遇到断点则停止，继续全速运行时，程序停在下一个断点出处，这是调试程序的一种很有效的方法。程序调试完后，在原来的断点处执行该命令，可取消断点。

Stop Running(ESC)：停止运行命令。停止正在运行的程序。

RST：复位命令。将程序计数器 PC 清 0。

(2) 观察窗口。

程序调试过程中可借助于各种窗口观察程序运行的状态，便于分析程序运行的正确性，以下介绍观察窗口的功能和使用方法。

① 变量观察窗口：

在调试状态下，选择主菜单 View 下的 Watch & Stack Window 选项，可打开或关闭变量观察窗口，变量观察窗口如图 11.16 所示。

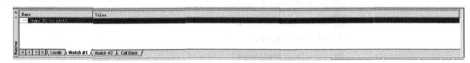

图 11.16 变量观察窗口

变量观察窗口由 4 页组成，分别是 Locals、Watch#1、Watch#2 和 Call Stack。

Locals 页用于自动显示程序运行过程中的局部变量的值，这些局部变量只有在有效区域时才被显示。

Watch#1、Watch#2 页既可显示局部变量的值也可显示全局变量的值，使用时在 name 区按 F2 键，然后输入变量名，程序运行时就可在 value 区看到对应的变量值。

Call Stack 页主要用于显示子程序调用过程中的相关信息。

② 存储器观察窗口：

在调试状态下，选择主菜单 View 下的 Memory Window 选项，可打开或关闭存储器观察窗口，存储器观察窗口如图 11.17 所示。

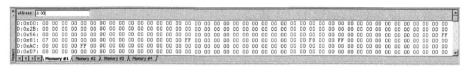

图 11.17　存储器观察窗口

存储器观察窗口分 4 页，分别是 Memory♯1～Memory♯4。每一页都可以显示程序存储器、内部数据存储器和外部数据存储器的值，通过在 Address 处输入不同命令格式进行控制。Address 处的命令格式举例如下：

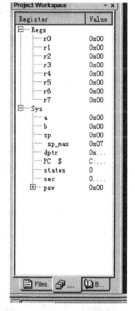

图 11.18　寄存器观察窗口

D:00：显示从 0 号单元开始的内部数据存储器的内容。

I:10：显示从 10 号单元开始的内部数据存储器的内容，该部分是间接寻址方式。

X:0x2000：显示从 2000H 单元开始的外部数据存储器的内容。

C:0x1000：显示从 1000H 单元开始的程序存储器的内容。

③ 寄存器观察窗口：

在调试状态下，选择主菜单 View 下的 Project Window 选项，可打开或关闭寄存器观察窗口，寄存器观察窗口如图 11.18 所示，通过该窗口可以看到程序运行过程中寄存器的变化情况。

④ 串口调试观察窗口：

在调试状态下，选择主菜单 View 下的 Serial Window ♯1、Serial Window ♯2 或 Serial Window ♯3 选项，可打开或关闭串口调试观察窗口，串口调试观察窗口如图 11.19 所示。该窗口提供一个调试串口的界面，串口的发送和接收都可在该界面上进行，例如：用 printf 和 scanf 的输出和输入就是通过该界面完成的。

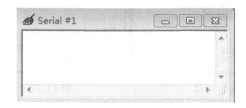

图 11.19　串口调试观察窗口

⑤ 并行口观察窗口：

在调试状态下，选择主菜单 Peripheral 下的 I/O-Port 子菜单下的 Port0、Port1 等中的一

个(并行口多少根据芯片型号而定),可以观察并行口的值和各位的状态。图 11.20 所示是 P0
口的值和状态,其中位状态中的"√"表示该位为 1,"×"表示该位为 0。

⑥ 串行口观察窗口:

在调试状态下,选择主菜单 Peripheral 下的 Serial 项,可以观察选定环境下串行口的工作
方式、控制字格式、波特率等,如图 11.21 所示。

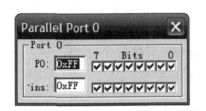

图 11.20　并行口观察窗口　　　　　　图 11.21　串行口观察窗口

⑦ 定时器观察窗口:

在调试状态下,选择主菜单 Peripheral 下的 Timer 子菜单下的 Ttimer 0、Timer 1 等项
(定时器多少根据芯片型号而定),可以观察选定环境下定时/计数器的工作方式、控制字格式、
计数初值等,图 11.22 所示为定时/计数器 0 的观察窗口。

⑧ 中断系统观察窗口:

在调试状态下,选择主菜单 Peripheral 下的 Interrupt 项,可以观察选定环境下中断系统
中的中断个数、每个中断的中断矢量、状态、优先级等,如图 11.23 所示。

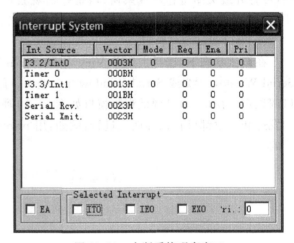

图 11.22　定时/计数器 0 观察窗口　　　　　图 11.23　中断系统观察窗口

参考文献

1. 余锡存.单片机原理及接口技术[M].西安:西安电子科技大学出版社,2006.
2. 何立民.MCS-51单片机应用系统设计[M].北京:北京航空航天大学出版社,1993.
3. 蔡美明.MCS-51单片机应用系统设计[M].北京:高等教育出版社,2001.
4. 陈建铎.单片机原理与应用[M].北京:科学出版社,2005.
5. 刘文涛.MCS-51单片机培训教程(C51版)[M].北京:电子工业出版社,2005.
6. 马忠梅.单片机的C语言应用程序设计[M].北京:北京航空航天大学出版社,1999.
7. 刘文涛.MCS-51单片机培训教程(C51版)[M].北京:电子工业出版社,2005.
8. 周立功.增强型80C51单片机速成与实战[M].北京:北京航空航天大学出版社,2003.
9. 李光飞.单片机课程设计实例指导[M].北京:北京航空航天大学出版社,2004.
10. 刘笃仁,韩保君,刘靳.传感器原理及应用技术[M].2版.西安:西安电子科技大学出版社,2008.
11. 魏伟,胡玮,王永清.嵌入式硬件系统接口电路设计[M].北京:化学工业出版社,2010.
12. 黄争.德州仪器高性能单片机和模拟器件在高校中的应用和选型指南[R].上海:德州仪器半导体技术(上海)有限公司大学计划部,2010.